国家职业资格培训教程

网版制版工

中册

（初级工、中级工、高级工）

新闻出版总署人事教育司
中国网印及制像协会　组织编写

印刷工业出版社

内容提要

本书主要是介绍网版制版工的初级工、中级工、高级工技术人员应该掌握的网版制版方面的专业知识。本书主要介绍了底片制作、膜版制作、印版制作、制版质量的检验与控制方面相关等级技术人员应该掌握的知识。

本书不仅适合作为网版制版职业技能培训和鉴定的教材，而且是网版制版从业人员进行自学的合适读物。

图书在版编目（CIP）数据

网版制版工. 中册，初级工、中级工、高级工／新闻出版总署人事教育司，中国网印及制像协会编.—北京：印刷工业出版社，2008.7

国家职业资格培训教程

ISBN 978-7-80000-764-4

Ⅰ. 网… Ⅱ. ①新…②中… Ⅲ. 丝网印刷－印版制版－技术培训－教材 Ⅳ. TS871.1

中国版本图书馆CIP数据核字（2008）第090937号

网版制版工（中册）▶▶ 初级工、中级工、高级工

新闻出版总署人事教育司
中国网印及制像协会　组织编写

责任编辑：张宇华

出版发行：印刷工业出版社（北京市翠微路2号　邮编：100036）

经　　销：各地新华书店

印　　刷：河北省高碑店鑫宏源印刷包装有限公司

开　　本：787mm×1092mm　1/16

字　　数：237千字

印　　张：10.25

印　　数：1～3000

印　　次：2008年7月第1版　2008年7月第1次印刷

定　　价：26.00元

ISBN：978-7-80000-764-4

如发现印装质量问题请与我社发行部联系　发行部电话：010-88275707　88275602

网版制版工国家职业资格培训教程编委会

主　任　孙文科

副主任　陈　蕾　宋育哲

委　员　陈忆秋　李宏葵　裴桂范　夏晓勤

网版制版工国家职业资格培训教程编审人员

统　稿　金银河

撰　稿　刘玉盛　刘浩学　廉　洁　金银河

审　稿　宋育哲　裴桂范　胡欣荣　顾志长　张宇华　王　岩

前言

实行职业资格证书制度是国家劳动就业工作的重大决策，是提高广大劳动者素质的重要手段。作为职业资格证书制度的重要内容，职业技能鉴定工作是促进劳动者加强学习、提高就业能力的一项有效措施，其中职业标准和配套培训教材建设则是实施鉴定的基础性工作。

2005年，根据行业发展的需要，当时的劳动和社会保障部会同新闻出版总署共同组织制定了《网版制版工国家职业标准》（以下简称《标准》）。《标准》发布以后，为提高网版制版从业人员的职业技能水平，并给职业技能鉴定工作提供统一的规范和依据，新闻出版总署委托中国网印及制像协会组织相关专家编写了《网版制版工国家职业资格培训教程》（以下简称《教程》）。

《教程》充分贯彻《标准》要求，注重层次区分，全面涵盖国家标准中的各个知识点；以能力导向为原则，更加突出技能要求；文字通俗，以阐述结论性的内容为主，体现了整体性、等级性、规范性、实用性、可操作性等特点。

《教程》上、中、下三册分别对应《标准》中：基础知识，初级工、中级工、高级工，技师、高级技师等相关内容。为了便于培训工作的开展，《教程》采取了章、节、单元的编写结构，在每章之前给出“本章提示”，便于学员抓住学习重点，每章之后给出“本章思考题”，帮助学员进行巩固提高。在章、节的内部结构上均按照学习目标、操作步骤、相关知识、注意事项的统一格式组织内容，深浅适度、条理清晰。只要学习者认真学习本《教程》，即使从零起步，也能较快掌握网版制版的有关技能，提高分析和解决问题的能力。《教程》不仅适合作为网版制版职业技能培训和鉴定的教材，而且是网版制版从业人员进行自学的合适读物，希望本《教程》的出版能够促进网版制版从业人员专业技能水平的提高。

《教程》的编写和审定工作凝结了业内专家的智慧和辛勤工作，他们之中既有多年活跃在网版制版工作一线、实践经验丰富的专家；也有来自知名印刷专业院校、理论功底深厚的教授。具体的编写分工如下：上册由刘浩学撰写；中册由刘浩学、刘玉盛撰写；下册由刘浩学、刘玉盛撰写，上、下册中的“管理”部分由廉洁撰写；本《教程》上、中、下三册由金银河统稿。《教程》在编写和审稿过程中得到了新闻出版总署的指导和帮助，相关负责同志提出了中肯而又富于建设性的意见，为确保《教程》的编写质量和适用性起到了十分重要的作用。

尽管我们做了很多努力，由于时间紧和经验缺乏，本《教程》难免存在诸多不足之处，希望大家批评指正。我们也将通过培训和鉴定实践，广泛听取广大网版制版技术人员和鉴定工作人员的意见，并在今后的修订中加以改进。

网版制版工国家职业资格培训教程编委会

2008年5月

目录

第一部分 网版制版工（初级工）

第三部分 网版制版工（高级工）

1 底片制作 97

2 膜版的制作 119

3 印版制作 133

第一部分

网版制版工（初级工）

1 底片制作

本章提示

了解原稿主要的分类和常用的出片方法，能识别常用原稿，按设计要求到出片中心输出底片，掌握检验输出底片质量的最基本参数。

1.1 准备制作底片

1.1.1 识别各类常用原稿

❖学习目标❖

了解常用原稿的类型，并能识别各类原稿。

❖操作步骤❖

(1) 观察是反射稿还是透射稿

通常，相片、印刷品等纸基材料的原稿为反射原稿，而胶片、胶卷等材料的原稿为透射原稿。识别的简单方法是对着灯光或日光观察，能够透过原稿清楚看到光的是透射原稿，不能看到光的是反射原稿。

(2) 观察是阴图还是阳图原稿

最容易判断的部位是原稿上的文字和比较熟悉的景物，如人脸、天空、树木等。如果是正常的黑白层次，就是阳图，否则就是阴图。比如原稿中人脸的颜色为黑色，头发为白色，则为阴图。又比如，景物中的天空为深色，树叶等深颜色的物体反而为白色即为阴图。对于彩色原稿也有类似规律，可以通过观察熟悉颜色是否正常来判断。

(3) 观察图像的正反向

图像的正反向以面对原稿的药膜面为准，因此首先要判断药膜面。对于反射原稿比较清楚，有图文的一面即为药膜面，背面为白纸。而透射原稿则不太容易判断，因为透射原稿在两面观察都能看到图文。通常，透射原稿的药膜面因为有感光层而发污，无光泽，而非药膜面则是光滑的片基，看上去有光泽，仔细观察可以感到图文在片基的下面。找出药膜面后，面对药膜面观察，反射原稿的图文为正向时为正图，反向时为反图；透射原稿的图文为反向时为正图，正向时为反图。最容易判断的部位是原稿上的文字和左右不对称的熟悉景物，如马路上行驶的车辆方向等。

❖相关知识❖

原稿是载有需要印刷复制的图文信息的实物和记录媒体，是印刷复制的对象。因而原稿是制版、印刷的原始素材和依据，是制版、印刷的基础。原稿的质量直接决定了印刷品的质量，所以必须选择和制作适合于制版、印刷的原稿，以保证印品质量。

印刷原稿按其记录的形态可以分为数字原稿和模拟原稿。

数字原稿以计算机电子文件形式存在，可以直接在计算机上进行处理。这类原稿包括数字式文本文件、数字图像（如扫描图片、数码相机拍摄图片、光盘图库等）、数字图形（如计算机绘图、CAD 工程图、3D 动画等）。

模拟原稿按介质类型分类，可分为五大类：绘画原稿、摄影原稿、二次翻拍原稿、电子图像原稿和实物原稿。按介质的光学特性又可以将前几类原稿分为反射原稿和透射原稿。从原稿内容的类型上划分，可以分为文字原稿、线条原稿和图像原稿。各类原稿的示意图如图 1－1 至图 1－5 所示。

图 1－1　彩色绘画原稿的黑白效果

（1）绘画原稿

绘画原稿又分为线条原稿和连续调原稿。线条原稿由黑白或彩色线条组成、没有色调深浅的过渡，包括图表、漫画、钢笔画、木刻画、版画及公司标志等。图 1－1 为彩色绘画原稿的黑白效果。这类原稿要求图线清晰，黑白分明，彩色线条要有足够的色深度。连续调原稿是指画面上由亮到暗、不同颜色层次连续变化的原稿。如素描、水彩画、油画、国画、书法等。这类原稿要求层次丰富、影像清晰、反差适中，彩色原稿要求色彩鲜艳不偏色。绘画原稿的材质多为不透明的反射原稿，但也有用透光材料制成的，则称为透射原稿。

（2）摄影原稿

摄影原稿又分为透射原稿和反射原稿两种，其中又有黑白原稿和彩色原稿之分。反射原稿即为彩色或黑白照片，由照相底片冲扩而成。透射原稿有正片与负片之分。所谓正片是指原稿中图像的黑白与深浅变化与实际景物一致（见图 1－2、图 1－3）；而负片的黑白与深浅变化正好与实际景物相反（见图 1－4、图 1－5）。彩色正片一般称为天然色正片，它由天然色反转片直接拍摄、经显影处理而成，故又名天然色反转片。彩色幻灯片就是一种彩色正片。彩色正片图像色彩鲜艳，层次丰富，反差大，清晰度好，且明暗层次和色彩与被摄物体相同，一般用于质量要求高的印刷使用。一般的彩色照相胶卷（底片）为彩色负片，负片上的图像颜色与被摄物体的相反，明暗层次与被摄物体也相反，色彩互为补色。彩色负片的反差系数较小，色彩又为实际景物的补色，所以不如天然色正片容易观察，制版的难度较大，一般不适合印刷制版使用。摄影原稿要求层次丰富，清晰度高，反差适中，彩色原稿不偏色，复制时放大倍率适当。

(3) 二次翻拍原稿

二次翻拍原稿有两类：一是指将美术作品转拍成的天然色正片或负片，以摄影胶片为原稿，这种形式的原稿是美术印刷品原稿的主要形式之一；二是指以印刷品作原稿。因为一般印刷品都采用网目调技术（加网）制成，所以扫描输入时通常要采取去网技术，以避免图像中的斑点和不均匀。

图1－2 单色线条图原稿

图1－3 单色图像原稿

图1－4 单色线条图负片原稿

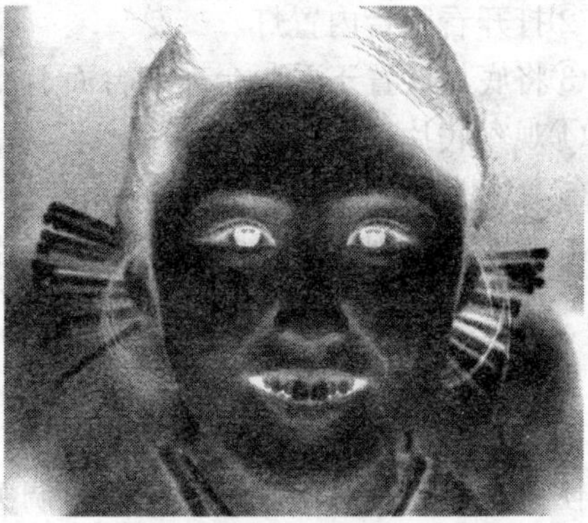

图1－5 单色负片图像原稿

(4) 电子图像原稿

电子图像原稿指已经转换成电子文件的图像文件或图形文件，其中图像文件可以是高质量的原稿经扫描得到的，可以供高档印刷使用，也可以成为创意设计的素材。这种电子原稿一般以光盘库的形式存在，可以随时调用。随着数码相机的快速普及，很多图像都是用数码相机直接拍摄而成，可以不必再像传统摄影方式那样，先拍摄照片再用扫描仪输入，使应用变得非常方便。电子原稿的最大特点是使用方便，修改容易，适合进行再创作。一般认为，电子原稿是连续调原稿。

(5) 实物原稿

将实物作原稿，直接对实物进行扫描输入。在照相制版的年代，实物原稿非常普及，可以直接进行拍摄制版。采用彩色桌面出版系统制版后，对实物原稿有了很大的限制，实物原稿只能用平台扫描仪扫描，无法用滚筒扫描仪扫描。目前只有少数高档平台扫描仪可对实物原稿扫描，且实物厚度（指扫描深度）不能太大，有一定的限制。实物原稿扫描后立体感强，有光感，可以得到很逼真和特殊的效果。

另外，文字原稿分为手写稿、打字稿、复印稿、电子文件稿等。这类原稿要求字迹清楚，浓黑醒目，易辨认，无错别字，标点正确，易于录入。

❖注意事项❖

取放原稿和胶片时要小心，操作时手要干净，不能有油污或水。在取放原稿时，应尽量拿原稿的边缘和四角，避免接触原稿图像，注意不要划伤、弄脏、污染图文胶片。对于比较精细的原稿，如天然色片，更要倍加小心，避免原稿黏上手指的汗渍和手印。

1.1.2 识别阴图、阳图和网目调底片

❖学习目标❖

了解阴图和阳图、网目调和连续调的概念，在印刷实践中能够区分和识别各类底片。

❖操作步骤❖

①擦净看版台玻璃。
②打开看版台内置灯。
③将底片放置于看版台玻璃台面上。
④观察底片。
⑤判断是阴图还是阳图。
⑥用放大镜观察，判断是连续调底片还是网目调底片。

❖相关知识❖

(1) 阴图片与阳图片的概念

阴图与阳图是制版工艺中图像阶调关系不同的一种形态，实际上是一种人为的规定。所谓阳图是指图像的颜色（包括黑白）及深浅变化与实际景物一致，或者是画面中的线条是由笔划出的，与摄影原稿中的正片相对应（见图1－2、图1－3），而阴图的颜色（包括黑白）及深浅变化与阳图正好相反，也正好与实际景物相反。如果是线条图，则画面中的文字线条是反白的，空白部分为深色，与摄影原稿的负片相对应（见图1－4、图1－5）。例如，我们平时所用的图章是阳图，因为所盖图章中的文字是着色的，而石碑图文是阴图，因为碑拓印品时，着色的是空白部分。

记录有阳图信息的胶片称为阳图片，而记录有阴图信息的胶片就称为阴图片。阴图片与阳图片可以通过拷贝的工艺进行转换，每拷贝一次，阳图片就转换为阴图片，或者阴图片转换为阳图片，因为拷贝时，原稿的黑色部位不能曝光，拷贝片上为透明，原稿的透明区在拷贝片上曝光，形成黑色区域，使得拷贝片与原稿正好相反，如图1－6所示。

(2) 连续调与网目调的概念

连续调图像：从高光调到暗调浓淡层次连续变化，并且像素是一个挨一个，紧密相连、无

断续的图像，图像中看不出有层次的跳变。各种有层次变化的原稿，如照片、由原稿扫描得到的图像以及由数码相机拍摄的图像都认为是连续调图像。

网目调图像：相对于连续调图像而言的一种图像，是通过加网方式印刷得到的图像。从宏观上看，网目调图像也是阶调层次连续变化的，也有丰富的层次，但它的层次是由许多不连续的油墨网点组成的，各网点之间有空隙，不是完全连接在一起的，如图1－7所示，右面的局部放大图展示出油墨网点的不连续性。通过油墨网点的大小改变或者单位面积内网点数量的改变，使网点与空隙的比例发生改变，使得图像深浅明暗也发生相应的变化。印刷到纸上的油墨量大，露出的空白少，则图像的颜色深，反之则颜色浅。

图1－6　阳图片与阴图片通过拷贝相互转换

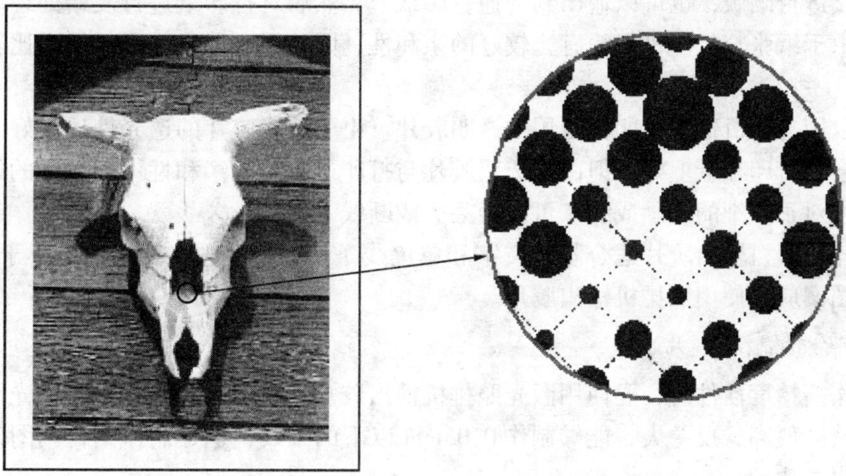

图1－7　网目调图像的示意图

❖注意事项❖

操作时注意不要划伤、弄脏底片，观察时应该把底片的药膜面向下放置在看版台上，对着片基面观察，这样就不会划伤底片的药膜。

1.2　制作底片

1.2.1　按设计要求到输出中心输出底片

❖学习目标❖

能按照设计要求，到出片中心输出底片，并能核对输出结果是否正确。

❖操作步骤❖

①先了解制版底片的尺寸要求。制版底片的图文尺寸与印刷成品的尺寸相同，因此要根据印刷尺寸要求输出晒版底片，并对输出底片进行尺寸检查。

②要知道采用何种方法输出胶片。向师傅详细了解对底片的精度要求，确定满足精度要求的输出方式。对于精度要求不高的底片可以采用激光打印硫酸纸和打印透明胶片的方法制作，对于质量要求高的底片应该使用照排机输出胶片。

③到出片中心输出胶片。将已经制作好的底片电子文件拷入 U 盘或移动硬盘（或光盘），拿到输出中心输出胶片。

④检查输出底片的尺寸、阴阳图、正反图等参数是否正确。

❖相关知识❖

（1）激光打印

对于输出精度要求不高的活件，可以使用激光打印机输出底片。可以将底片输出在硫酸纸上直接进行晒版，也可以输出到普通打印纸上，然后对打印纸进行浸蜡处理，使其变得透明。由于纸张与打印机墨粉有比较好的亲和性，因此用这种方法可以得到比较好的打印效果。

还可以用打印机输出打印机专用的透明胶片。由于透明胶片的透光性比纸好，因此晒版的效果会比打印在纸上好。但由于透明胶片与打印机墨粉的亲和性不如纸张的好，墨粉容易脱落，对于较细的笔画或线条可能会丢失或断线。

用激光打印机输出胶片适合制作文字和单色线条活件，笔画和线条不应小于 0.5mm，更精细的图案应该使用照排机输出胶片。

（2）照排机输出胶片

在制作高精度活件时，要使用激光照排机输出胶片才能保证晒版质量。激光照排机输出胶片的密度值高，反差大，能够制作 0.05mm 以下的细线，也是制作网目调图像必须要使用的输出方法。

（3）照相法

前两种输出方法都适合计算机制版的方法，是目前的主流工艺。目前仍有使用制版照相机制作丝网制版底片的传统制版方法。使用照相制版法不需要计算机，直接用制版照相机对原稿进行拍摄而成。但照相制版对操作人员的技术水平要求很高，要掌握好原稿的照明、光圈和快门的设置、缩放比例计算等，操作比较复杂，质量不容易控制，而且不能制作复杂的效果，现在已经很少使用。

❖注意事项❖

①在制作底片前，首先应该了解活件的印刷要求，记录印刷成品尺寸及对底片输出精度与页数的要求，避免因不满足印刷要求而造成废品和返工。

②要将与底片相关的所有电子文件都带到输出中心，不能有遗漏，一旦缺少文件，将会出现输出错误。

③注意一般丝网晒版要求制作正阳图底片。

④注意携带输出文件的正确性。

⑤注意检查底片的输出质量，特别是细线条是否有断线。

⑥注意将输出底片卷好，用纸包好，避免运送途中损坏。

1.2.2 判定底片的尺寸

❖学习目标❖

能按设计要求核对底片尺寸。

❖操作步骤❖

①将输出底片放置于洁净看版台玻璃台面上。

②打开看版台内置灯。

③用标定直尺测量底片图文尺寸或测量版面规矩线距离。

❖相关知识❖

（1）底片的尺寸

制版底片的图文尺寸与印刷成品的尺寸相同，因此底片的输出尺寸要根据印刷尺寸要求制作。对于要求不高的印刷活件，可以直接测量活件中的图文尺寸，只要满足尺寸要求或在误差范围之内即可，比如在运动服上印字的情况。对于尺寸要求高的活件，在制作底片时要加入页面的裁切线等可以精确测量尺寸的标记。

（2）底片的一般质量要求

晒版底片的质量要满足晒版的要求。

①底片的尺寸要符合印刷的成品尺寸。

②底片要有足够的密度，即黑线条要足够黑，黑白区域有足够的对比度，黑线条能够阻挡晒版的光线，才能形成有效的图文区。

③对于需要晒制较细线条的底片要使用激光照排机输出胶片，使用打印机输出硫酸纸和打印纸不适合晒制细线条，因为纸的透光性不好，墨粉的黑度不够高，晒版时很容易晒丢细线条，通常线条宽度不应该低于1mm。

④对于晒制一般的丝网版，要求底片为正阳图。

❖注意事项❖

测量底片尺寸最准确的方法是测量版面中的规矩线，如裁切线，因此在制作版面时应该尽量有裁切线。对于没有裁切线的简单底片要选择最有代表性和最容易测量的部位测量，如图片的边长、粗线条的长度等。

本章复习题

1. 原稿有哪些类型？各类原稿的特点是什么？
2. 阳图和阴图原稿的特点是什么？如何区分？
3. 什么是阳图底片？什么是阴图底片？如何区分？如何区分阳图和阴图底片的正向和反向？
4. 何谓网目调底片？网目调底片与线条稿底片有何区别？如何区分？
5. 到输出中心输出底片应该如何准备文件，都要携带哪些文件？
6. 如何测量底片的尺寸？
7. 有哪几种输出底片的方法？各种方法适合哪些印刷要求？
8. 对晒版底片的质量要求都有哪些？

2 膜版制作

本章提示

膜版制作是制作网印版的基础，其质量的好坏直接影响到印版质量。通过本章的学习，掌握按要求准备网框和丝网、绷网、处理回收旧网版、手工刮涂感光胶的技能。

2.1 准备绷网

2.1.1 按要求准备网框和丝网

❖学习目标❖

了解常用丝网的种类，掌握按要求准备网框和丝网的技能。

❖操作步骤❖

①了解本次作业所用网框和丝网的品种、规格。
②去物料库领取所需网框与丝网。
③请师傅核对正确与否。

❖相关知识❖

常用丝网的种类：

目前编织丝网的材料有蚕丝、尼龙丝（也称锦纶丝）、涤纶丝（也称聚酯丝）、金属丝（不锈钢丝或铜丝）等。

(1) 尼龙丝网

由聚酰胺树脂合成纤维丝编织而成，它具有良好的回弹力、耐磨性和抗拉强度，表面光滑，印刷时产生静电小，油墨通过性能好，耐碱性耐溶剂性能优良，价格低廉，因而在丝网印刷中应用较普遍。其缺点是耐酸性差，延伸率高，拉伸变形大，受日光长期照射丝网易变脆，强度会下降，受空气湿度影响，套印不准，尺寸稳定性差。不宜制作高精度印版。常用于制作曲面丝网印版和印刷物表面不平整的丝印网版。

（2）涤纶丝网

是由合成纤维编织而成，它具有优良的耐热性、耐酸性，耐碱性、耐化学药品性，吸湿性小，延伸率低，套印尺寸稳定性好，是制作大、小精密网版的理想材料，其缺点是耐磨性与感光胶膜的亲和牢度不如尼龙丝网好，价格也高于尼龙丝网。适合于制作印刷高精度网版。

（3）不锈钢丝网

延伸率小，抗拉强度高，耐磨性、耐湿性、耐热性、耐化学药品性、油墨通过性都较好，是较理想的制版材料，缺点是织造难度大，成本高，价格昂贵，操作时容易碰伤或形成死折，回弹性小，重复使用率低。常用于制作超高精度网版，或有导电导热性的网版。

（4）压平丝网

这种丝网是将涤纶丝网通过一根热压辊和一根硅橡胶辊对压形成丝网一面压平薄25%左右，而网孔小于同类型丝网，因此油墨转移量少，墨层薄，可节省油墨材料、降低生产成本，特别适用于价格昂贵的紫外光固化油墨，可节省30%。缺点是因丝网一面压平网孔变形变小。

由于压平丝网的断面形状会像如图2－1所示的那样变形使油墨变薄，有利于四色加网印刷提高清晰度，同时，会减少刮板的磨损，提高油墨的透过力并保护版膜。

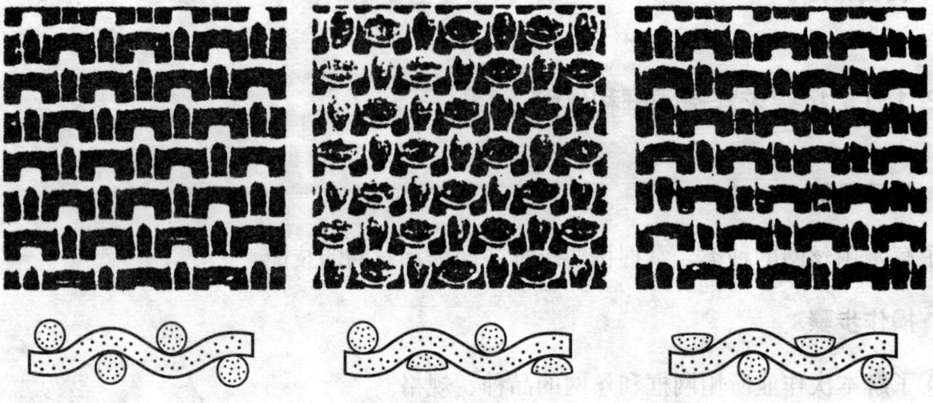

（a）10%　　（b）50%　　（c）25%

图2－1　压平丝网

（5）带色丝网

在网版制版工序曝光时不必要的反射光会造成曝光缺陷，经常产生光晕现象。为了避免光晕故障（不该见光部位产生见光反应）需要采用染色丝网（特别是网目调等精细产品）。

因为晒版感光材料只感应蓝光、紫光、紫外线，白色丝网反射的白光中含有蓝光、紫光（白光是由红光、橙光、黄光、绿光、青光、蓝光、紫光混合而成的可见光）会从感光版背面引起光化反应、产生不需要的光晕现象（见图2－2）。有色丝网反射的红光、橙光、黄光、绿光等可见光均不会引起感光版的反应，所以不会产生光晕故障，如图2－3所示。

选择丝网的颜色，要考虑有效地消除光漫射的影响，还应考虑颜色对感光速度的影响（染色丝网的色调以淡色为好，深色则要延长曝光时间），以及如何使之与感光材料本身的颜色区分开等。

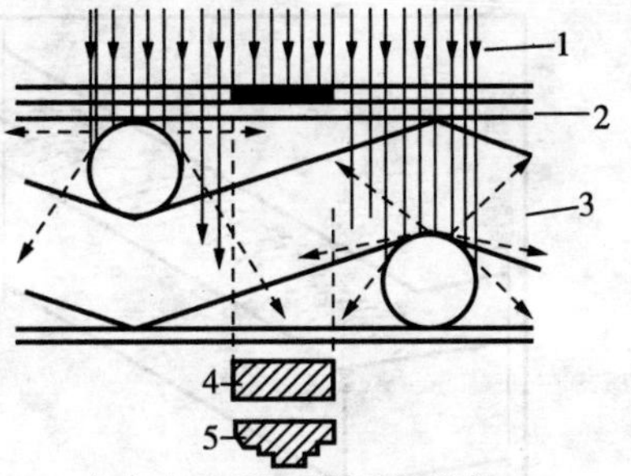

（a）白色丝网的漫反射现象

（b）白色丝网网印效果

图2-2　白色丝网的制印特性

1—曝光光线；2—阳图底版；3—白色丝网；4—阳图；5—版膜孔形断面

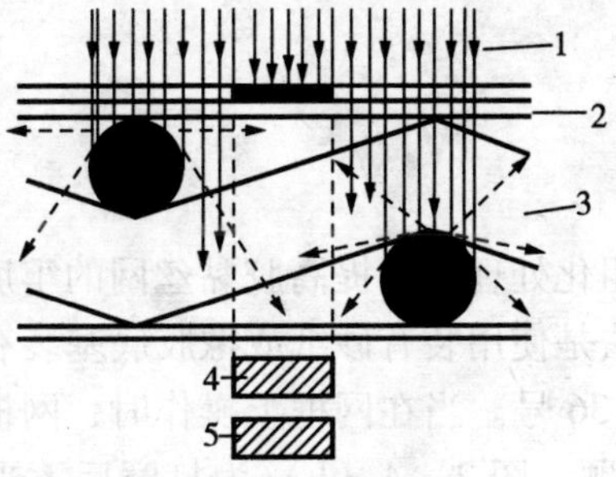

（a）有色丝网表面光线被吸收

（b）有色丝网网印效果

图2-3　有色丝网的制印特性

1—曝光光线；2—阳图底版；3—有色丝网；4—阳图；5—版膜孔形断面

❖注意事项❖

①注意体会所做活件的类型、要求与丝网选择的关系，向师傅学习选择丝网的方法。

②首先根据领料单核对丝网和网框的规格型号及尺寸，完全符合要求才能领取，不能确定时要及时向师傅询问。

2.1.2　打磨法处理网框表面

❖学习目标❖

了解常用网框的处理方法，掌握用打磨法处理网框表面的技能。

❖操作步骤❖

①将网框水平放置于工作台上。

②将打磨机放置于网框上。

③开动打磨机开关，见图2-4（a）。

④顺序移动打磨机。

⑤关闭打磨机。

⑥检查打磨质量，见图2-4（b）。

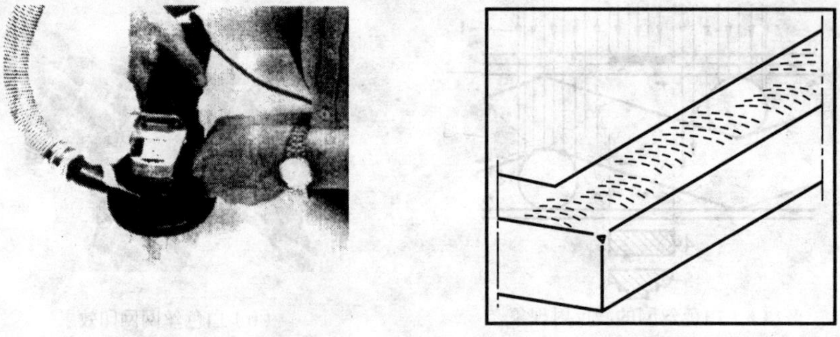

（a）带有除尘器的打磨机　　　　（b）打磨后的网框表面

图 2－4　网框的粗化打磨处理

❖**相关知识**❖

常用网框的处理方法有以下几种。

（1）粗化处理

表面光滑的新金属网框使用前必须进行粗化处理，以提高胶黏丝网的牢度；旧网框也必须粗化，以去除旧网框上残留的胶剂。方法是使用装有砂纸或橡胶底基装有纤维圆盘的旋转打磨机。砂纸或圆盘的粒度应为 24 号或 36 号。当在网框上操作时，网框表面应该保持水平状态，否则以后涂粘网胶时会遇到问题。图 2－4（b）为打磨后不平行于网框表面，此网框易被溶剂渗透，绷网效果好。

图 2－5 为砂带打磨后的网框表面。由于凹槽平行于网框，溶剂不能在网框与丝网之间渗透。

（2）打磨边角

切实保证所有边缘和框角都打磨过，没有毛刺。如图 2－6 所示的毛刺必须清除，否则会撕破丝网。只有把用过的网框除去留下的丝网、油墨和感光胶，将网框边缘修圆化处理后才能使用，以避免撕破丝网。

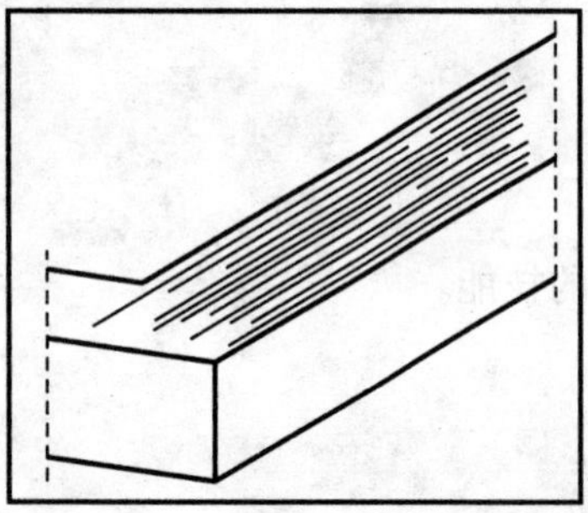

图 2－5　打磨后平行网框的表面

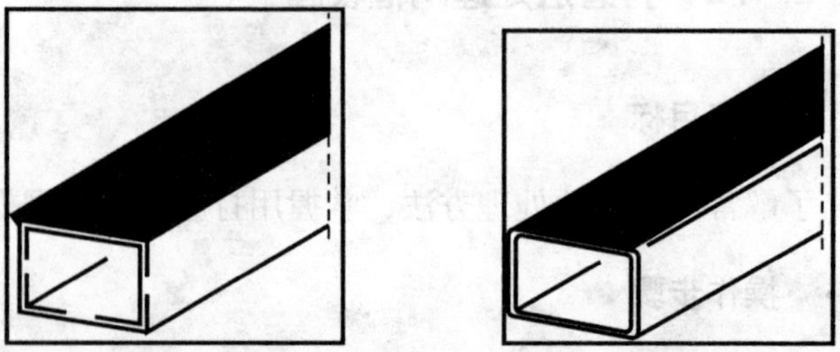

（a）必须磨去的不好的网框边缘　　（b）磨去粘网胶边缘之后的网框

图 2－6　网框打磨边角

（3）去污

网印网框不应该有任何锋利的边缘和尖角，因为这些都会损坏丝网，丝网在绷紧时有可能被撕裂。已经打磨过的网框在使用前必须用溶剂（丙酮等）进行彻底的除脂处理，一定不能使用含油清洗剂。除脂处理之后，如使用精细丝网（压平丝网和其他的 100 目以上的丝网）绷网的网框要用粘网胶先涂一底层。

❖注意事项❖

①网框打磨一定要仔细，粘网部位都要打磨到，清除遗留在网框上的全部残留物。
②正确使用打磨机，注意将砂纸在打磨机上安装牢固，避免高速旋转时砂纸掉落。
③认真学习打磨网框的手法。

2.2 绷网

2.2.1 手工绷网和使用器械进行绷网

❖学习目标❖

了解常用绷网的方法，掌握手工绷网和使用器械进行绷网的技能。

❖操作步骤❖

(1) 手工绷网

以压条式手工绷网为例，其操作步骤如下：
①裁切丝网。将丝网裁切成比网框的四边各大 20 ~ 30mm 的尺寸。
②湿润丝网。用水打湿丝网。
③放置丝网。将丝网的经纬线与框边平行地放在框上。
④按顺序打入嵌木条。如图 2－7 所示。

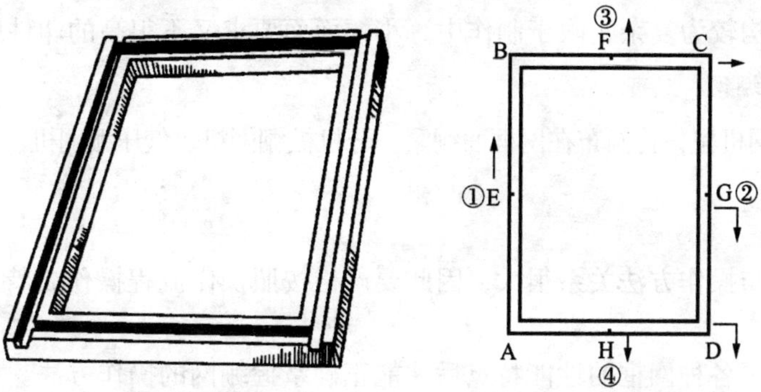

（a）制有凹槽的网框　　（b）打入嵌木条的顺序（箭头代表丝网拉紧的方向）

图 2－7 压条式手工绷网

a. 操作者站在 E 的位置上，将嵌木条的一端打入 A 点的沟槽中，使丝网向 B 的方向张紧；再打入 EB 嵌木条，将 AB 边固定。

b. 操作者站在 G 的位置上，在 C 点打入嵌木条并固定，一边将丝网向箭头方向拉紧，再打入 GD 嵌木条，将 CD 边固定。

c. 站 F 位固定 BC 边。

d. 站 H 位固定 DA 边。

（2）器械绷网

以卷轴式自绷网为例（见图 2－8），操作步骤如下：

①用压条将网布压入轴管中的凹槽中。

②将卷轴管向外徐徐转动，张紧网布。

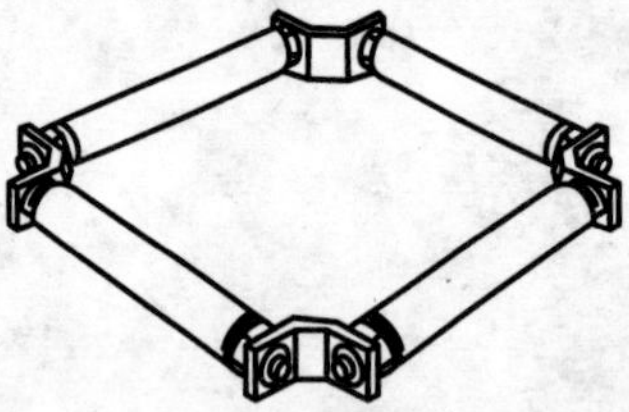

（a）纽门卷式框

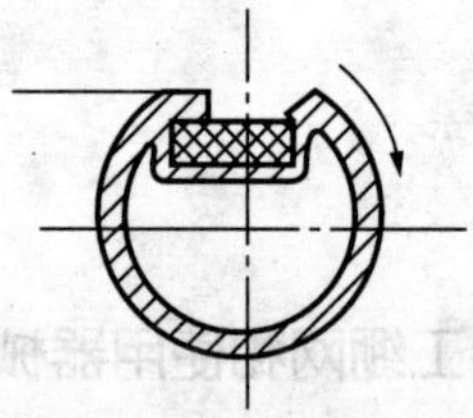

（b）卷轴的横截面结构

图 2－8　卷轴式自绷网

❖相关知识❖

绷网方法主要分为手工绷网、器械绷网、绷网机绷网。

（1）手工绷网

这是一种简单的传统绷网方法，通常适用于木质网框，通过人工用钉子、木条、胶黏剂等材料将丝网固定在木框上。手工绷网的张力一般能够达到要求，但张力不均匀，操作比较麻烦、费时，绷网质量不易保证，多用于少量印刷和印刷精度要求不高的印刷品。

（2）器械绷网

器械绷网又称自绷网，这种绷网方法多采用较简单的器械辅助手工绷网。

自绷式组合网框本身具有绷网功能，无须另外的绷网器具，同时具有随时调节网版张力的功能。但结构较为复杂，限于制作中、小幅面而要求又不很高的印件网版。

（3）绷网机绷网

采用专用绷网机械，将网布在网框面绷紧。分机械绷网机、气压绷网机、气动绷网机三种。

❖注意事项❖

①绷网质量与操作方法关系很大，因此要严格按照操作流程操作，特别注意学习操作的技巧。

②只有熟悉了各种网框的性能特点后才能正确掌握绷网的操作方法。

2.2.2　测定绷网张力

❖学习目标❖

了解张力的概念及作用，掌握测定绷网张力的技能。

❖操作步骤❖

①在手工绷网，无张力计情况下，张力确定主要凭经验测定。

a. 绷网时一边将丝网拉伸一边用手指按压丝网。

b. 感觉到丝网有一定的弹性即可。

c. 注意检查各处的张力感觉要一致。

②使用绷网机及大网框绷网时，一般都使用张力计测试。

a. 先将张力计校正归零。

b. 将张力计置于绷紧的丝网面。

c. 水平目视读取张力计显示读数。

❖相关知识❖

(1) 张力的概念及作用

丝网受到拉力作用时，存在于丝网内部而垂直于两相邻部分接触面上的相互牵引力为张力。

张力大小直接关系到刮涂感光胶的平整度和印刷质量。张力太大，丝网易撕破，印刷时对刮板的反作用力太大；张力不足，丝网松软，印刷时对刮板不能产生必要的回弹力，容易伸长变形，引起卷网（如图2－9所示），还会擦毛网点或印瞎网点；张力适度，能保证晒版、印刷的尺寸精度，使套印准确，而且丝网在刮印行程中回弹性良好，网点清晰、耐印，在正常情况下丝网不易破裂。

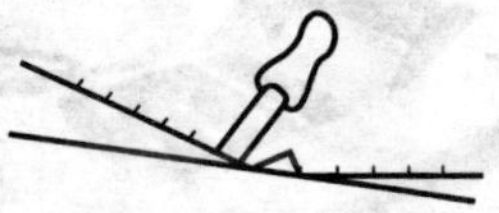

图2－9　张力不足引起的卷网

(2) 绷网张力计

张力计是测量绷网张力的仪器。张力的标准单位是N/cm，张力也可以用相对单位数值来表示。毫米张力计就是以相对数值来表示张力的，它是通过张力计自身重量使丝网下沉，以下沉的毫米数值表示张力的。

张力计有机械式和电子式两种，按照张力单位分类，绷网张力计可分为以下三类：

①牛/厘米张力计如图2－10所示，这种张力计使用简便，测量时把其置于绷紧的丝网上，表针即指示被测丝网牛/厘米（N/cm）张力值。这种张力计的测定范围一般为6～50N/cm。

②毫米张力计如图2－11所示，即毫米张力计，其示值为mm，测量范围一般为1.2～2.5mm。

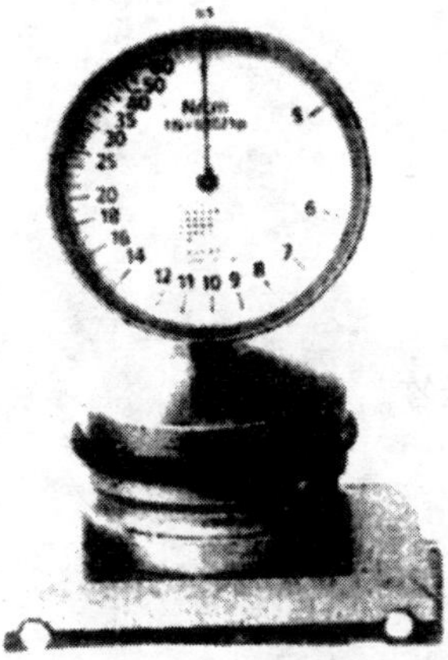

图2－10　牛/厘米张力计

图2－11　毫米张力计示意图

1—百分表；2—重锤；3—外壳；4—校正用玻璃板

使用毫米张力计测量绷网张力时，首先应将其置于平台玻璃板上进行校正，转动百分表表盘，使指针对准0位，然后将其放在绷紧的丝网上，百分表即示出高度差，这个高度差值即为绷网张力毫米值。

③数字显示张力仪。这是目前最新式的测量绷网张力的仪器，外形如图2－12所示。这种仪器的特点是操作简单方便，可直接读数、打印出数据。

用张力计测定张力时，小网框测中心一点，中、大型网框可选五点、六点或九点进行（见图2－13）。测定时每点都要经向、纬向各测一次。对于彩色阶调丝网版，每块版的张力必须严格一致，以保证套印准确。

图2－12　数字显示张力仪

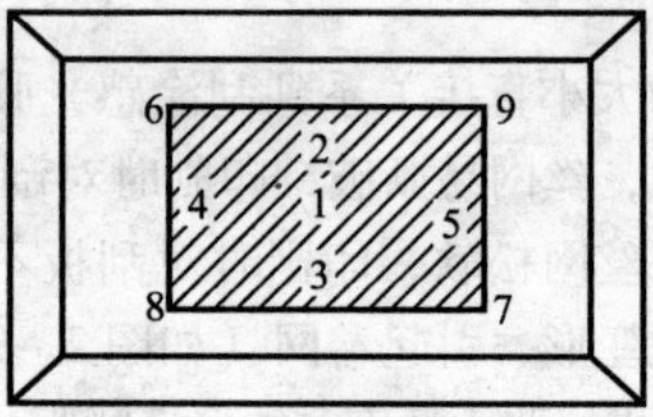

图2－13　丝网张力计测试点

1～9—张力测定点

❖注意事项❖

绷网时切忌突然加力至最高值，这将会造成张力不均匀、经纬扭斜，形成制版龟纹。

2.2.3　涂刷粘网胶

❖学习目标❖

了解常用粘网胶的种类，掌握涂刷粘网胶的技能和操作步骤。

❖操作步骤❖

①用刷子往网框与丝网黏合面刷涂粘网胶。
②用木片刮压网框的黏合处。
③观察整个黏结网面上应呈现均匀的颜色。
④固网时间视各类粘网胶性能而定。
⑤胶层彻底干燥后，切断框边丝网，包边及黏网版标签。

❖相关知识❖

常用粘网胶的种类。

（1）聚乙烯醇缩醛胶

以聚乙烯醇缩丁醛为主要组分的黏结剂，黏结力强，应用范围广。这类黏结剂可用于木质网框、金属网框的黏结绷网，一般由树脂、乙醇等配制而成。

（2）氯乙烯醋酸乙烯共聚胶

由氯乙烯与醋酸乙烯酯经共聚而成的高分子化合物。其黏结力强，耐稀酸、稀碱，也用于木质框的黏结绷网。

（3）氯丁二烯橡胶型黏结剂

以氯丁橡胶为主要组分的橡胶型黏结剂。用于金属网框的黏结绷网。

（4）氰基丙烯酸酯黏结剂

丙烯酸酯黏合剂的一类。以α－氰基丙烯酸乙酯等制成，一般是单组分的稀薄液体，不需加固化剂，常温下可迅速固化。具有良好的黏结性能，耐酸、耐碱性稍差。用于木质、金属网框的黏结绷网。

（5）环氧树脂黏结剂

由环氧树脂和固化剂配合而成的黏结剂。为了不同需要，可加入各种不同的助剂。如加入溶剂或稀释剂以降低黏度，利于操作；加入固化促进剂以加速固化，缩短工艺时间；加入抗氧化剂以提高使用寿命等。该黏结剂具有优良的黏结性能，黏结强度高，固化后收缩率小，化学成分包括高分子胶液和固化剂两种成分，使用前将其混合，混合后就会发生化学反应而固化，固化的时间较长，一般需20min以上。但固化后的黏结强度大、耐溶剂性好。能用作黏网的双组分胶很多，如酚醛丙烯酸胶、环氧胶、聚氨酯胶以及不饱和聚酯胶等。

（6）紫外光固化胶

紫外光固化胶为无溶剂胶，用作粘网胶的优点是干燥快、黏结牢固及耐溶剂性好，但必须要有便于移动的高功率紫外光源（如紫外灯及镝灯等）的照射才能干燥，因此限制了它的应用。

❖注意事项❖

①涂粘网胶操作要求均匀、仔细，不要将胶液滴到框内丝网上。
②有些粘网胶是双组分类型，在使用时要注意混合的比例。
③在使用紫外光固化胶时要注意紫外光线的防护。

2.3 网版处理

2.3.1 网版表面清洁、脱脂处理

❖学习目标❖

了解网版清洗、脱脂和烘干的方法，掌握进行网版表面清洁、脱脂处理的技能。

❖操作步骤❖

（1）清洗丝网

①将网版置于带水槽的工作台中。

②用刷子蘸取10%苛性钠溶液或专用丝网清洗剂。

③刷子转圈清洗丝网两面，见图2－14（a）。

④用清水冲净网面，见图2－14（b）。

（2）脱脂

①将适量脱脂剂涂于丝网面。

②用刷子刷涂丝网两面，见图2－14（c）。

③放置30～60s。

④用高压水枪冲洗丝网两面，见图2－14（d）。

（3）烘干

①将清洗、脱脂后的网版置于烘干箱中。

②拨动控制温度旋钮到40℃。

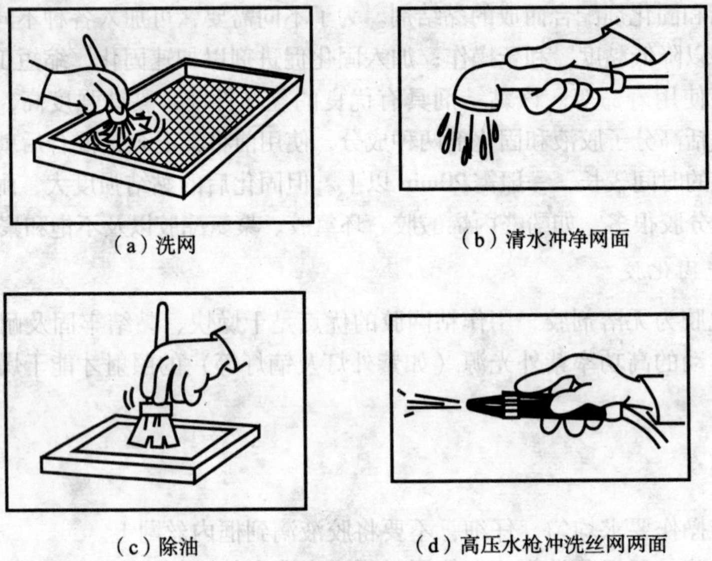

（a）洗网　（b）清水冲净网面

（c）除油　（d）高压水枪冲洗丝网两面

图2－14　丝网的清洁与脱脂处理

③烘干定时。

④到时取出网版。

❖相关知识❖

清洗脱脂和烘干的作用和方法：

①为了彻底清除丝网上的油污杂质，以增强感光材料与丝网黏牢的程度和印版耐印力，在涂布感光材料前，必须把丝网清洗干净。

②洗净作业从手工刷涂相应制剂到使用自动洗净机、喷枪来进行清洗，也有用超声波洗净的。

③干燥多采用无尘烘干箱或用热风吹干。

❖注意事项❖

①清洗丝网不可用一般洗衣粉、洗净剂等，因为它们含有皂化物和硅胶，不易冲净，

影响丝网和感光材料的黏结力。

②除脂后的网版，不可再用手触摸。

③除脂操作宜在制版时进行，不可隔日预先准备，避免尘埃或油脂再次污染。

2.3.2 除膜处理、回收旧网版

❖学习目标❖

了解脱膜剂的使用方法，掌握处理、回收旧网版的技能。

❖操作步骤❖

(1) 将旧网版置于带水槽的工作台中

将旧网版放在带水槽的工作台中进行冲洗。

(2) 清墨处理

①在网版面上挤出适量网版清墨剂。

②用湿刷子刷涂网版两面。

③用清水冲洗网版两面。

(3) 脱膜

①戴手套。

②在网版两面用刷子刷涂脱墨膏。

③静置1min。

④用高压水枪冲洗丝网两面。

(4) 检查

脱膜后检查网版上的图文部分是否出现油墨的淡迹（鬼影），若有需要进行去鬼影操作。

(5) 去鬼影

①挤出适量除鬼影膏于丝网面。

②用刷子刷涂丝网两面。

③放置8min。

④用高压水枪冲洗丝网两面。

❖相关知识❖

(1) 脱膜

制版失败或印刷完毕，为使网版可再生重复利用，须将膜版从网上除去，这种除膜工作称脱膜。

脱膜时首先应把印版上残存的油墨彻底清除，否则除膜就很困难，因此必须用溶剂或除垢剂彻底清除残墨。如果版上的油墨是硬化型的，清除就比较困难。去膜剂常用的有漂白粉、次氯酸钠、过氧化氢、氢氧化钠、氨水、高锰酸钾、草酸等。

(2) 脱膜剂的使用方法

脱膜要求迅速、简单、安全，特别是对丝网的安全。

脱膜用的脱膜剂视感光胶和丝网类型而异，通常商品感光胶同时配有相应的专用脱膜剂。

明胶体系膜版的脱膜方法有以下几种：

①热水溶胀法：将印版浸于43~46℃热水中，待明胶膨胀后，用刷子擦刷及强水冲净。

②用漂白剂氧化：通常将漂白剂加10倍的水作为脱膜液，作业时先将膜版在热水中泡胀，然后用刷子蘸脱膜液涂刷印版两面，停留少许时间，用高压水冲除。

非明胶体系膜版的脱膜法，如PVA、PVA+PVAC等感光胶，可用的方法有：

①用高锰酸钾氧化：配制6%高锰酸钾水溶液，用丝网滤去未溶晶片，以防止脱膜时割伤丝网。配好的溶液可长期备用。作业时将溶液涂于印版两面，放置4min，即可水冲。对染色丝网，涂液后放置不能过长，否则有退色的危险。

②用次氯酸钠或过氧化氢氧化：用4%~5%的次氯酸钠溶液或3%的过氧化氢溶液涂或浸泡印版，数分钟后用热水冲洗。

坚膜处理过的膜版，用上述方法进行脱模时均难奏效。有的采用强腐蚀剂破坏其膜，但对丝网很不安全，应试验后酌情处理。

一些溶剂型膜版，脱膜时应用相应的溶剂和脱膜剂。必须注意，膜版上若有其他残留物（如油墨、封网胶及油污等）时，脱膜会发生困难。因此，上脱膜剂前应先清除残留物。若在印刷后立即清洗油墨，在清洗后未干前，即行脱膜，可获最佳清洗效果。一些合成高聚物的膜版，被某些乙烯基油墨浸渍，因此在正常脱膜处理后，仍会出现一些残膜（称僵膜），这种残膜需用溶剂去除。

脱膜除手工作业外，还可用专用的脱膜机脱膜。最先进的脱膜机能使油墨清洗、脱膜及去脂三步工作一并完成。由于机器装有温度控制系统，故有很高的脱膜效率；脱洗出的物质，经循环系统过滤后，溶剂得以回收再用，既免污染，又节省溶剂。

❖注意事项❖

①网版粗化用研磨膏，不能用去污粉、砂纸等物清除，以免堵网和伤网。

②选用去膜液应注意环保和腐蚀作用。

③带上橡皮手套操作。

2.4 涂布感光胶

2.4.1 手工刮涂感光胶

❖学习目标❖

了解刮胶斗的结构和使用方法，掌握手工刮涂感光胶的技能。

❖操作步骤❖

刮斗涂布的顺序见图2-15所示。

①把绷好网的网框以80°~90°的倾角竖放，往斗中倒入容量60%~70%的感光液，不要倒得太满，把斗前端压到网上。

②把放好的刮胶斗前端倾斜，使液面接触丝网。

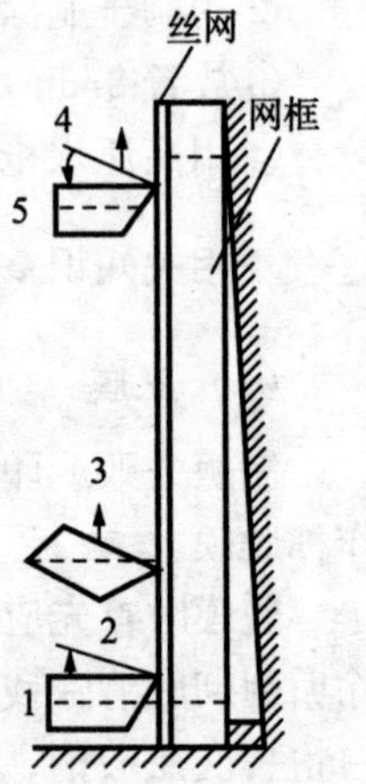

图2-15 刮斗涂布

1~5—刮斗涂布顺序

③保证倾角不变的同时进行涂布。此时如果涂布的速度过快，容易产生气泡造成针孔。

④、⑤涂布到距网框边 1 ~ 2cm 时，让斗的倾角恢复到接近水平。

⑥涂布至要求的厚度之后把网框上下倒过来再重新涂布一次。

⑦然后干燥。第一次干燥应充分，若用热风干燥，应掌握适当温度，温度过高，有产生热灰翳的可能，必须引起注意。

⑧再按同样的要领涂布 2 ~ 3 次，直至出现光泽。

❖相关知识❖

刮胶斗的结构和使用方法。

刮斗涂布是让刮斗的前端与丝网接触，让刮斗中的胶液与丝网面均匀接触，并由刮斗前端的刃口刮去多余的胶液，刮斗上下移动，依次进行涂布。刮斗是一种呈船形的涂布工具。其四边中的一边起到刮刀的作用，斗的内部是存储感光液的。刮斗形状有多种，但都应具有槽和刮刀两部分。刮斗涂布包括手涂法和机涂法。手涂法用的刮胶斗如图 2 - 16 所示，斗的刮胶边呈不同半径的圆弧，斗边沿长度方向微凸，以保证涂布的胶层厚薄一致。由于重氮感光胶都呈弱酸性反应，因此胶斗需用塑料或不锈钢制作。即使是不锈钢胶斗，胶液也不宜在斗中久存，否则因氧化作用胶液会起微泡而遭破坏。

刮胶斗的长度随涂布面尺寸而定。图 2 - 17 为我国生产的不锈钢刮胶斗，由 6 种不同长度组成一套，可供不同尺寸的图幅选用。通常图幅面积、胶斗长度及刮胶面积的关系如下：

图幅面积 = a × b（a 为短边、b 为长边）

刮胶面积 =（a + 40mm）×（b + 60mm）

胶斗长度 = a + 40mm

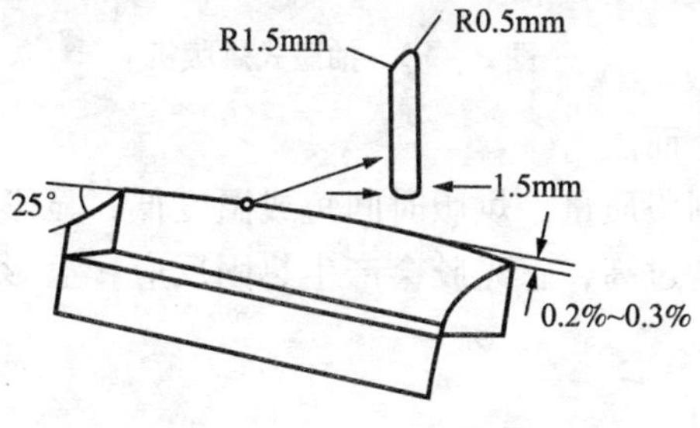

图 2 - 16　刮斗

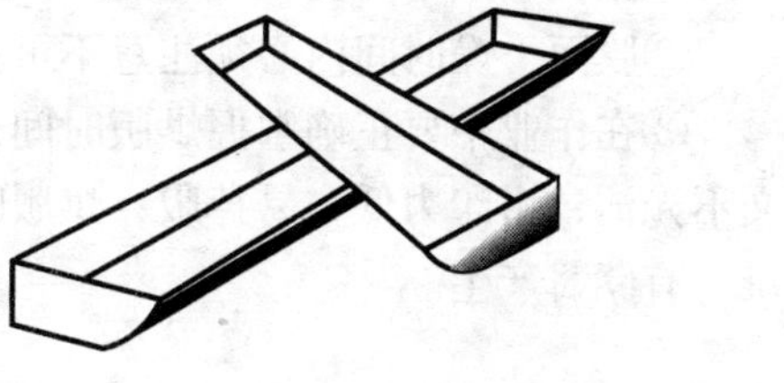

图 2 - 17　我国生产的不锈钢刮斗

刮斗与丝网接触的刃口边，必须保证较高的平整度，不能有碰伤的痕迹。如果平整度低或有碰伤，涂布后的膜层则会出现条痕或膜层厚度不均匀的现象，从而使印刷后的图文线条出现毛刺和墨层厚度不均匀。刮斗的刃口边沿应光滑，以防在涂布时造成刮伤丝网的后果。由于绷好的网有一定的弹性，刮涂时容易出现膜的厚度不均匀的现象，即中间部位膜厚而四边膜薄。为避免出现这类问题，通常制作刮斗时使接触丝网的一边略呈一定的弧状。这样可以避免因丝网弹性造成的膜厚不均匀的现象。在制作刮斗时尽量选用不生锈、耐腐蚀、质量好的不锈钢材料或合金铝材料。

❖注意事项❖

涂布感光液应在橙色安全灯下进行。

2.4.2 烘干感光胶膜

❖学习目标❖

了解烘干感光胶膜常用的设备和干燥方法，掌握烘干感光胶膜的技能。

❖操作步骤❖

①将膜版印刷面向下（即丝网向上，网框在下）。
②将膜版水平放置于干燥箱中。
③定好温度旋钮，用40～45℃温度干燥。
④定好定时开关15min左右。
⑤打开干燥箱。
⑥干燥后取出烘干的膜版。

❖相关知识❖

常用的干燥方法：

常用的膜版干燥方法有吹干和烘干两种，吹干法可以使用热吹风机手工烘干；烘干法可以使用专门的烘版机，例如常用的抽屉式烘版机，如图2－18所示。

图2－18 抽屉式烘版机

❖注意事项❖

①涂胶版烘干温度不可超过45℃。
②膜面干燥时间内必须注意不可有灰尘落于上面。
③在作业中要正确掌握烘版时间，否则影响制版质量，烘版时间短或温度低，显影图文不光洁，耐印力低，易掉版；烘版时间长或温度过高，感光胶会产生热固反应，显影困难，有蒙翳产生。

本章复习题

1. 网版、膜版、网印版有哪些区别？
2. 丝网印刷中常用的丝网有哪几种？各自性能特点是什么？
3. 用打磨法处理网框表面的操作步骤是怎样的？
4. 常用网框的处理方法有哪几种？
5. 常用的绷网方法有哪几种？
6. 什么是绷网张力？
7. 如何进行网版表面清洁、脱脂处理？
8. 如何处理回收旧网版？
9. 手工刮涂感光胶的操作是怎样的？

3 印版制作

本章提示

印版制作是印刷的前提，其质量好坏直接影响印刷质量。通过本章学习，要求掌握对晒版机、冲洗显影设备的日常维护；进行线条版底片和膜版在晒版机中定位、曝光；对网印版进行封网、简单修整的技能。

3.1 晒版

3.1.1 晒版机的日常维护

❖学习目标❖

了解晒版机的基本结构和操作方法，掌握晒版机日常维护的技能。

❖操作步骤❖

①每天工作前要清洁晒版玻璃表面。用软布或棉纱蘸适量的清洁剂、无铅汽油、酒精或胶片清洗剂，将晒版玻璃擦洗干净。在晒版操作过程中，发现灰尘、油污也要擦洗干净。

②定期使用真空扫除器（吸尘器），清扫橡皮布。

③定期检查修理真空泵，特别是要定期换油。

④定期检查橡皮布和机器四周橡皮垫是否漏气。

❖相关知识❖

晒版机是利用压力（包括大气压力和机械压力），使图像底片与感光版紧密贴合，以便通过光化学反应将底片上的图像精确地晒制到感光版上的一种设备。

晒版机是主要的制版设备，是使感光材料曝光的设备。主要由玻璃晒框、底架、真空泵、灯具等部件组成。它和普通印刷厂晒版机的不同点是大玻璃框在下方，橡皮框在上方；灯光可以放在下面或侧面。

曝光最重要的环节是使丝网版与原版紧密贴附，丝网版和原版接触不实，晒出的图形必然发虚，严重时会报废。所以，带有真空吸附装置的晒版机是用户的最佳选择。

真空晒版机的特点如下：

网印版制版用的真空晒版机，一面是安装玻璃板的框；另一面是安装了橡皮布的框，两者用特殊的绞链连结起来，其一端有将两个框固定在一起的把手。橡皮布的四周镶有高度为10～15mm、宽度为20～30mm的橡胶带，用把手组合固定两个框时，这个带的顶点密合在玻璃板上，挡住外面进来的空气，内部的空气用真空泵抽出后，网版感光胶膜就可以与阳图底片完全密合。

晒版时首先把涂布了乳剂的丝网版同阳图底版一起放在玻璃板上，上面罩上橡皮布，紧固两个框，用真空泵把内部的空气抽出，使之密合。晒版时把玻璃面垂直横向光源，以一定距离曝光是采用最多的方法。另外，还有把玻璃面朝上，光源有从上方照射的吊灯型、玻璃面朝下从下方照射的光源上射型、光源沿玻璃面移动的扫描型等。

❖注意事项❖

晒版之前，首先要根据施工单确定晒版方法，检查晒版机各项性能，按操作规程调试机械，做好晒版前的准备工作。

3.1.2 底片和膜版的定位

❖学习目标❖

通过学习使学员了解底片和膜版在晒版机上的定位方法，掌握底片与膜版定位的技能。

❖操作步骤❖

①把膜版印刷面朝上放在制版平台上。

②把制版底片正面朝下平放在膜版的中央位置上，采用三点定位法（靠边定位法）定位，在底片长边选两个定位点，短边选一个定位点，和相应的网框边缘距离测量定位。

③底片的四边要留出一定空间，按刮墨方向上方要留出10～15cm的放墨位置，下边也要留出10～15cm的覆墨位置，两边各留出7～10cm以上的宽度。大框晒小图，图像边缘不能太靠近网框，因为网版边缘部分丝网的回弹力小，受到网框影响，透墨性差，影响印刷质量。

④确定定位尺寸后，固定底片。用长1cm的透明胶带，把底片四角固定在膜版的定位位置上。

❖相关知识❖

底片和膜版在晒版机上的定位方法：

先将底片正面朝下平放于膜版印刷面的中央位置上，用胶条将底片四角与膜版固定如图3－1（a）所示。

将固定好底片的膜版印刷面向下扣置于晒版机玻璃面的中央位置，如图3－1（b）所示。

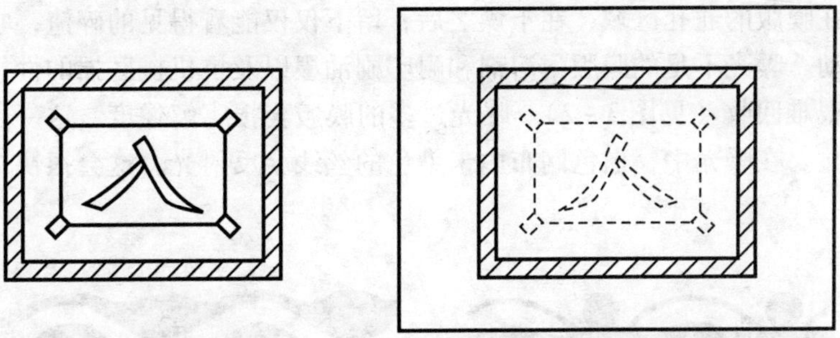

（a）底片和膜版　　（b）贴好底片的膜版在晒版玻璃上的定位

图3－1　底片膜版在晒版机上的定位

❖注意事项❖

①印刷套印精度的确定是借助“十”线套印定位原理来确定印件上三点所在的位置。将印件放在印刷台上适当位置，然后将原稿上的“十”线与版上的“十”线重合来确定印刷定位，位置一经套准就可在印台上确定三点“规矩”，要用透明胶带固定位置。

②注意定位片的厚度要低于承印物的厚度，否则在印刷中会损坏网印膜版。

3.1.3　使用晒版机进行膜版的曝光

❖学习目标❖

了解曝光正确的重要性，掌握使用晒版机进行膜版曝光的技能。

❖操作步骤❖

①打开晒版机上盖（橡皮布框架）。

②擦净晒框玻璃。

③把制版底片膜面朝上放在晒版玻璃中央。

④把涂布好感光胶的膜版，印刷面朝下按定位尺寸要求放在底片上，或将在膜版上定好位的底片与膜版印刷面朝下放入晾版机内适当位置。

⑤闭合橡皮布框架。

⑥抽气，打开气泵，使底片与膜版密合，抽成真空。

⑦设定定时开关。

⑧打开光源曝光。

⑨关闭光源，然后关闭气泵，等气压表数据归零后，打开上盖。

⑩取出膜版，去掉底片，进行显影处理。

❖相关知识❖

正确的曝光时间取决于感光乳剂、膜片、丝网、总厚度、光源等特点以及曝光灯与要曝光材料之间的距离。曝光不足的膜版始终不会硬化，在显影过程中，刮墨面上的感光乳剂被冲洗掉。感光乳剂层粗糙、模糊不清是曝光不足的确切标志。冲洗不充分，一些溶解的感光乳剂黏在膜版的通孔区域，在干燥之后，留下仅仅能看得见的碎渣，它们在印刷中会妨碍油墨流动。曝光不足的膜版耐溶剂和耐印刷油墨以及抗机械磨损的性能很差，这样的膜版以后也很难回收（见图 3－2）。曝光过多的膜版会损害解像度，这一点在使用白色丝网时特别明显。在曝光中，白色网布内未染色的丝线会反射光，这会很快造成图像侧壁腐蚀的问题。

（a）曝光不足　　（b）曝光正确

图 3－2　膜版曝光状况

实践证明：在制版中，感光膜的硬化程度与曝光量成正比。只要曝光时间适当，成像性能好，黏网力就强。因此，在制版过程中，必须严格控制曝光时间；否则，黏网不良，耐印力下降。

❖注意事项❖

①感光膜完全干燥后要尽快晒版，晒版时要把阳图底版的膜面密合在感光膜面上曝光。

②曝光中最重要的环节是使丝网版和底版紧密贴附。丝网版和底版接触不实，晒出的图形必然发虚，严重时会完全报废。

③晒版前，必须确定阳图底版的正面和背面。应先检查阳图底版，丝网感光膜面和晒版架的玻璃面上是否有污点或灰尘。然后将底版和膜版装入晒版框内，要注意将阳图底版药膜面与膜版印面密合。再从玻璃面检查一次，如果底版图像放在了网框的正确位置上，即可通电曝光了。

3.2　冲洗显影和干燥

3.2.1　相关设备的日常维护

❖学习目标❖

通过学习了解相关设备的种类和使用方法，掌握相关设备日常维护的技能。

❖操作步骤❖

相关设备日常维护：

①阅读设备使用说明书，按要求定期维护。

②经常清洁，擦洗相关设备。

③保护好喷枪喷头。

❖相关知识❖

相关设备的种类和使用方法。

（1）水盆

小幅面网版往往在曝光后，放置于水盆中浸泡 2～3min（可加摇晃），然后再放到有一定压力的水管下冲洗两面。

（2）水槽

在室内就地砌有水槽，往往将要显影的网版斜置于槽中，利用塑胶管或喷嘴，接通室内的自来水管，即可对网版两面反复冲洗。

（3）喷枪

如果自来水水压低于 3 个大气压时，则宜选用冲洗装置，如图 3－3 所示，实际上就是一台自带水箱的低压微型水泵，喷头则为一手枪式带喷嘴的喷水开关，压力可调，操作方便，实用可靠。

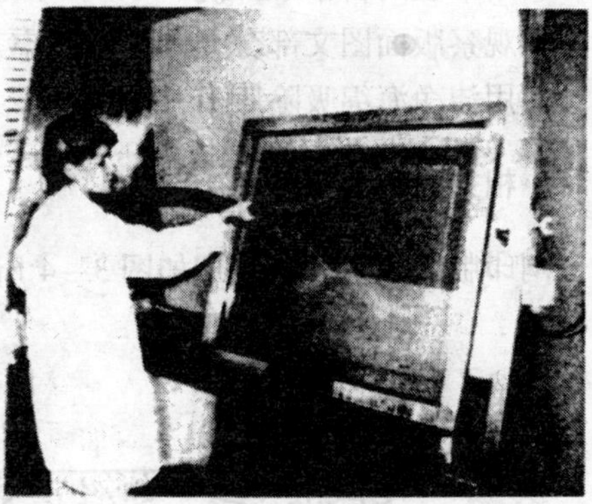

图 3－3　带吸水设备的冲洗槽

可用 3.5～5.5kg/cm² 的喷枪，从网版两面进行喷水显影。

（4）自动水洗显影机

现已开发出自动水洗显影机。早期的自动水洗显影机是装有容器的单体式喷枪管型，能上下移动。后来开发出多种机型。

（5）吸水器

对于曝光后的网版的冲洗，建议使用水压能够调节的水喷嘴（见图 3－3），并用吸水器吸除网版上多余的水，以免形成斑痕，而且可以明显地缩短干燥的时间。小尺寸的网版可放在固定的吸水嘴上抽吸多余的水分，也可用海绵或吹风机迅速除去水分。

（6）干燥箱

显影后的网版应放在无尘的干燥箱内，用温风吹干，烘干温度一般控制在 40℃ ±5℃。

❖注意事项❖

①使用相关设备一定要经常擦拭，保持作业清洁。

②喷枪显影时喷头的水压和丝网膜版间矩要适当固定，否则会影响冲显质量，甚至造成胶层脱落等。

③使用自动显影机操作，要按操作使用说明书进行。

3.2.2　处理线条版

❖学习目标❖

了解膜版冲洗显影的原理，掌握处理线条版的技能操作步骤。

❖操作步骤❖

①将曝光后的感光版放入盛水的显影盆（槽）中。
②浸泡 2 ~ 3min。
③用手晃动显影盆，以加速显影。
④观察未见光部位（空白部位）胶膜膨胀。
⑤用常温的自来水冲洗 3 ~ 4min。
⑥观察版面图文部分是否全部漏空。
⑦用洁净海绵吸除版面水分。

❖相关知识❖

网印版的晒版工艺原理如图 3 - 4 所示。

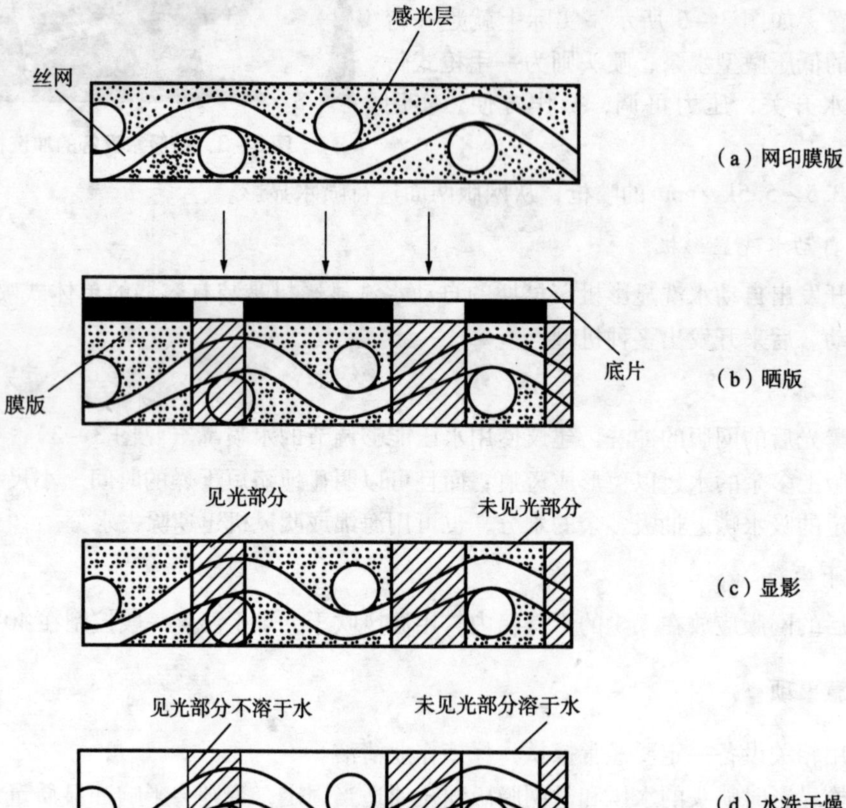

图 3 - 4　丝网晒版工艺及原理图解

网印膜版密附正向图文阳图底片进行曝光，蓝、紫、紫外光透过阳图透明部位（空白部位），射入感光胶层，发生光化学反应，分子结构交联硬化由原来水可溶性变为不可溶性，经清水显影后形成阻墨层；而阳图底片有密度部位（图文部位）光线通不过，膜版上相应部位感光胶层仍保留原来水溶性，清水显影后从版面溶解冲下，露出通透的网孔。

❖注意事项❖

①由于感光材料的性质不同，制版要求和显影要求也就不同，通常显影程度的控制原则是：在显透的前提下，时间愈短愈好。时间过长，膜层湿膨胀严重，影响图像的清晰度；时间过短，显影不彻底，会留有蒙翳，堵塞网孔，造成废版。蒙翳是一层极薄的感光胶残留膜，易在图像细节处出现，难与水膜分辨，常误认为显透。为便于观察，可采用灯光显影水槽；也可采用自制灯光观察台。

②在线条版处理中，要根据业务单要求来选择材料制版，掌握以下规律：

a. 丝网目数低、丝径粗、网孔开孔面积大，版面膜层厚，晒版曝光时间要长，显影冲水压力要大，把版冲透。

b. 精细线条版选用高目数丝网，丝径细、网孔小、版面膜层薄，晒版曝光时间要短，显影冲水压力要低，冲湿时间要短，清除版面余胶使版彻底冲透干燥。

3.3 修版

3.3.1 区域以外的通孔区域用封网胶涂封

❖学习目标❖

通过学习，了解封网使用的材料和使用方法，掌握用封网胶涂封图文区域以外的通孔区域的技能。

❖操作步骤❖

①把网印版印刷面向上放到看版台上（如图3-5所示）。

②用毛笔或小刮胶斗用封网胶或感光胶对图文区域以外的通孔区域，特别是网与框的结合处进行封涂。

③曝光固化，对用感光胶为封孔液部位要进行一次曝光，使胶层硬化不溶解于水达到封孔目的。

④烘干或自然干燥。

❖相关知识❖

显影后的印版还存在部分不需要的开孔部分，封闭开孔部分为封网。封孔是对图形以外的漏空网孔进行封闭。

封孔材料必须采用不受印料溶解、溶胀及破坏图层的封孔液。有专用封网胶和旧感光胶封孔。使用的封网材料要与图形膜层相同的耐溶剂性、耐磨性等要求。封网方法，可用刮斗或毛笔（毛刷），蘸上封网液，在网版的漏空

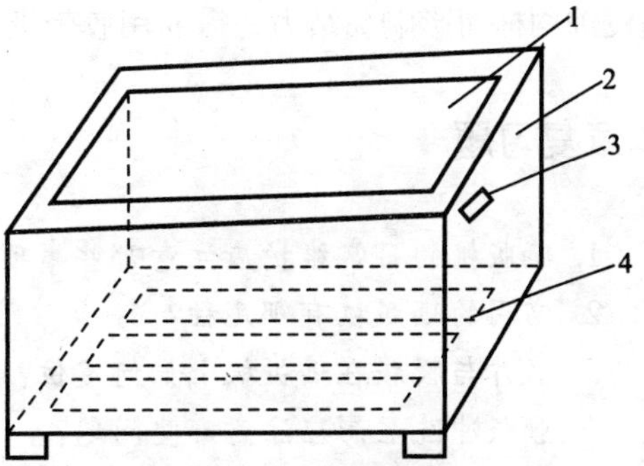

图3-5 看版台示意图

1—毛玻璃；2—木箱；3—灯开关；4—日光灯管

部位涂刷，封孔。

❖注意事项❖

涂层要涂布均匀、平整，然后放入45℃的烘箱中干燥。

3.3.2 去除印版的污点、修整砂眼和划痕等缺陷

❖学习目标❖

了解修版使用的材料和方法，掌握去除印版上污点、修整砂眼和划痕等缺陷的技能。

❖操作步骤❖

①将网印版印刷面向上放置于看版台面上。

②仔细检查网印版面，发现缺陷。

③用毛笔蘸取封网胶填补空白部位上的砂眼或划痕缺陷。

④用另一支毛笔蘸取少量脱膜剂修除图文部分出现的污点（胶点），并用洁净的湿纱布蘸除溶下的胶膜。

⑤检查修补印版质量。

❖相关知识❖

修版使用的材料和使用方法：

砂眼或划痕是出现在膜版上空白部位上的露网点、线，需要使用毛笔蘸取封网胶将其填补。

污点是出现在膜版上图文部位上的胶点，需要使用毛笔蘸取脱膜剂加以修除。

❖注意事项❖

①在封网和修版中，要熟练的掌握修版技术。操作细致，不要把不该修的部分修死，而该修的划痕、擦伤、砂眼等未修留下，造成上机印刷时漏墨、上脏。

②用感光胶取代修版液的，修版后要进行一次再曝光处理，固化胶层。

③版膜修整后，最后进行封边操作。为了保护网框面的清洁，便于再生及防止洗液溶剂侵蚀网框而影响黏结力，需要用胶带纸封贴网框架，也可用耐溶剂的涂料封贴。

本章复习题

1. 晒版机的日常维护应注意哪些事项？
2. 常用的晒版机有哪几种？
3. 底片与膜版在晒版机上如何定位？
4. 膜版冲洗显影应注意哪些问题？
5. 封网与修版的内容有哪些不同？

4 制版质量的检验与控制

本章提示

了解图文缩放的概念，底片质量的基本要求，网版张力及测定方法，印版常见缺陷的特征，掌握测量底片图文尺寸，目测底片明显缺陷，线条版砂眼划痕等缺陷测定网版张力的技能。

4.1 检验底片质量

4.1.1 测量底片的图文尺寸

❖学习目标❖

通过学习，了解图文的缩放概念，掌握测量底片图文尺寸的技能。

❖操作步骤❖

①将底片胶膜面向下放置于看版台面，打开内置灯。
②用标定的金属直尺测量底片上下、左右对称两个裁切线的距离。
③请师傅对照工作单，核对底片尺寸与客户要求成品尺寸是否一致。

❖相关知识❖

(1) 规矩线

印刷中，规矩线是每色图文准确套印和成品尺寸裁切的依据。

①十字规矩线是多次色套印精准度的依据。由互相垂直的横、竖细实线构成，传动侧和操作侧各一，互为对称，拖梢一个。十字线的竖线是轴向图文位置调节依据，横线是径向图文位置调节依据。

②角线供印刷成品裁切用。分布在印版的四角。

③裁切线。裁切线是印品有效而最小的净切尺寸，切线的位置在所有规矩的最里面(见图4-1上虚线)，所以当裁切光边时，其他的规矩线都会被跟着切去。

（2）图文的缩放概念

如图4－2所示CB＝BB′，A′B′C′D′相对ABCD是放大了一倍，相反ABCD相对A′B′C′D′是缩小了一半。

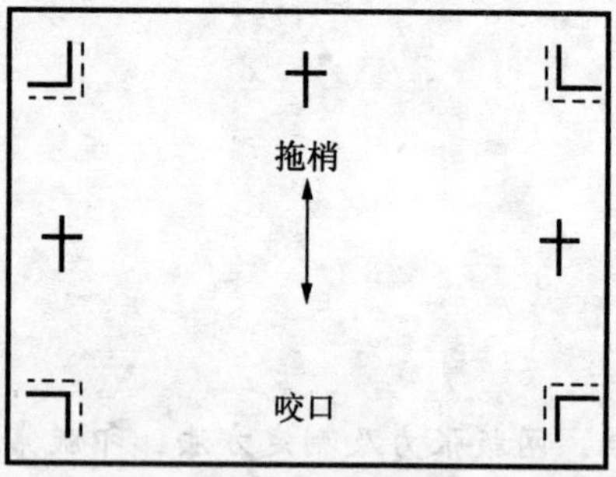

图4－1 印版规矩线布局示意

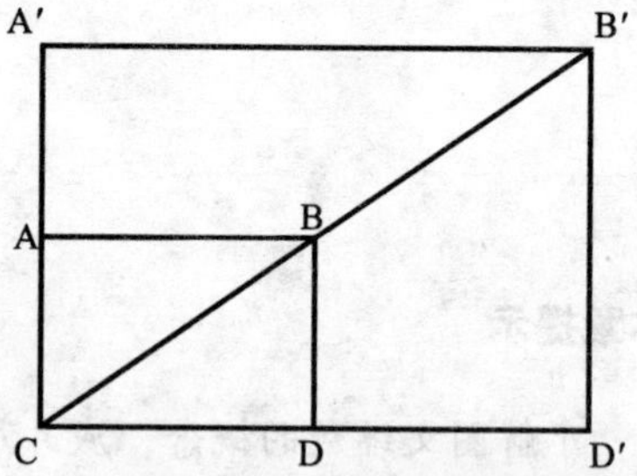

图4－2 图文缩放

❖注意事项❖

规矩不准等故障的出现是印刷质量降低的重要因素，这不仅需要注意制版规矩精度，也需要操作机器的人共同予以注意，严格掌握制版尺寸和印刷套准规矩的定位精度的控制。

4.1.2 目测检查底片的缺陷

❖学习目标❖

了解底片质量的基本要求，掌握目测检查底片明显缺陷的技能。

❖操作步骤❖

目测底片的缺陷的步骤。

接受施工单时要检查：

①清洁看版台面玻璃。

②将底片胶膜面向下置于看版台面。

③开启看版台内置灯。

④目测底片有无明显缺陷。

a. 黑白不分明。

b. 线条不完整、有变形、毛刺等。

c. 图面有砂眼、脏点、划伤等。

d. 胶带拼贴的底片，胶带贴离图像过近（7mm以内）。

❖相关知识❖

底片质量的基本要求：

①图文部位密度在3以上，空白部位密度（灰雾度）在0.05以下，黑白分明。线条

不变形，图面线条光洁，没有毛刺、锯齿、砂眼、脏点和伤痕脏污等。

②图文部分的清晰度要较高。

③图文部分的尺寸要符合印刷复制品的尺寸要求。

④要制出符合丝网制版、印刷要求的规矩线。

⑤用胶带拼贴的底片，胶带应贴在离图像7mm以外为好（特别是亮调部位），注意制版时，由于密合不好，使线条、网点变虚的因素。

❖注意事项❖

①图文底片，多数来自客户的重要寄存品，不能弄脏、损坏或丢失。要妥善保管好，做到用时立即找出。

②图文底片不能卷曲，要平放。如用胶带纸贴的胶片，一旦卷曲拼贴部分位置就会错动，影印套合精度。

③从底片袋取出或放入，注意拼贴在底片上的剥膜片不要剥落，也不能使底片折着放进去。胶片放入袋内之前，要用纱布或软布清洁，除去底片上的灰尘或污垢。夹放衬纸放入袋内，恒温下保存。

4.2　检验制版相关参数

4.2.1　核对丝网的类型和网目数

❖学习目标❖

了解标注绷好网版的内容，掌握核对丝网的类型和网目数的技能。

❖操作步骤❖

①将绷好网的网版网面朝上置于工作台面。

②核对丝网的类型和网目数。

③在网框边缘外侧进行标注。

❖相关知识❖

标注绷好的网版。

为使丝网版在存放架上容易被找到，把写有下列内容：丝网牌号、丝网目数（包括网丝直径）、卷/批号用牛顿张力值表示的张力、日期、操作员姓名的标签贴在网框边的外侧。标签可用不干胶塑料薄膜或纸制成，还要在标签上面贴一块聚酯膜，以保护标签不受溶剂的侵蚀而损坏，如图4－3所示。

❖注意事项❖

要认真填写好标注制版的各项技术数据，这是为下工序操作掌握的技术数据。要贴好标注，并用透明胶带把标注封好，防止制版、印刷中，冲洗摩擦脱落。

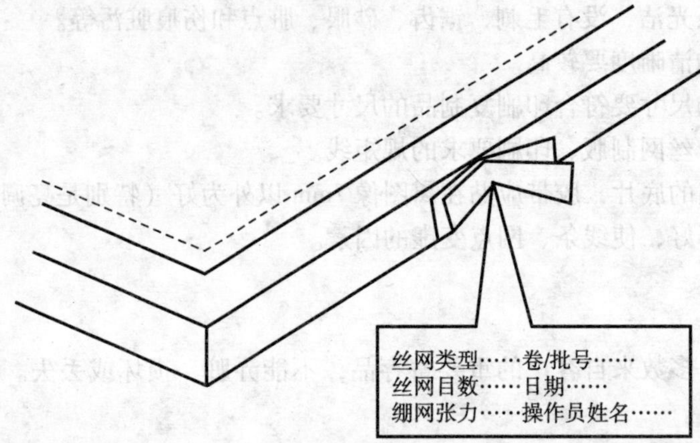

图4－3　带标识的丝网版

4.2.2　测定网版张力

❖学习目标❖

了解在网版制版中用张力计测定张力的方法，掌握正确测定网版张力的技能。

❖操作步骤❖

①在绷网机上把网绷起，一般要拉松三次以上，使张力逐升。
②达到设定标准张力值时应停止给力。
③静置丝网10～15min进行时效处理，使张力稳定。
④用张力计测张力。

❖相关知识❖

(1) 张力计测定张力的方法

张力计是测量绷网张力的仪器。张力的标准单位是N/cm，张力也可以相对单位数值来表示。毫米张力计就是以相对数值来表示张力的，它是通过张力计自身重量使丝网下沉，以下沉的毫米数值表示张力的。

张力计有机械式、电子式和数字式3种，机械式又分为牛/厘米张力计和毫米张力计。

①牛/厘米张力计。这种张力计使用简便，测量时把其置于绷紧的丝网上，表针即指示被测丝网牛/厘米（N/cm）张力值。这种张力计的测定范围一般为6～50N/cm。

②毫米张力计如图4－4所示，其示值为mm，测量范围一般为1.2～2.5mm。

使用毫米张力计测量绷网张力时，首先应将其置于平台玻璃板上进行校正，转动百分表表盘，使指针对准0位，然后将其放在绷紧的丝网上，百分表即示出高度差，这个高度差值即为绷网张力毫米值。

③全电子式张力计反应灵敏准确，操作方便。图4－5为全电子式液晶显示张力计，其技术先进。

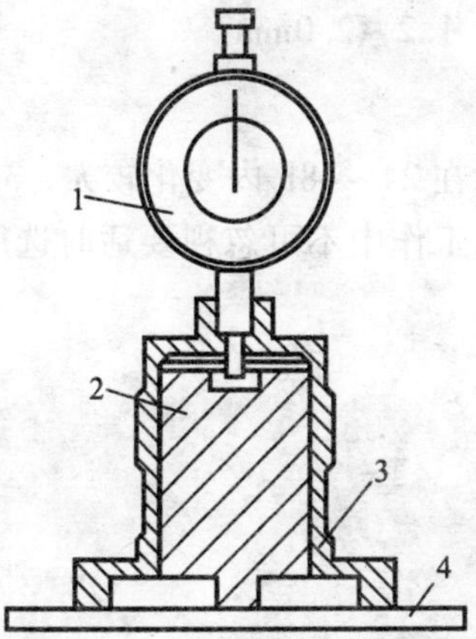

图4-4　毫米张力计示意图

1—百分表；2—重锤；3—外壳；4—校正用玻璃板

图4-5　全电子式液晶显示张力计

④数字显示式张力计。最新张力计产品是数字显示式张力仪（见图4-6），可直接读数、打印出数据。

（2）张力的测定

为了保证良好的印刷适性，必须对绷网张力加以控制，绷网张力太大，易撕破丝网，绷网张力太小，丝网松软，易擦毛或印瞎网点。适度的张力能保证晒版、印刷的尺寸精度，套印准确，丝网在刮印过程中回弹性良好，网点清晰而耐印。

图4-6　数字显示张力仪

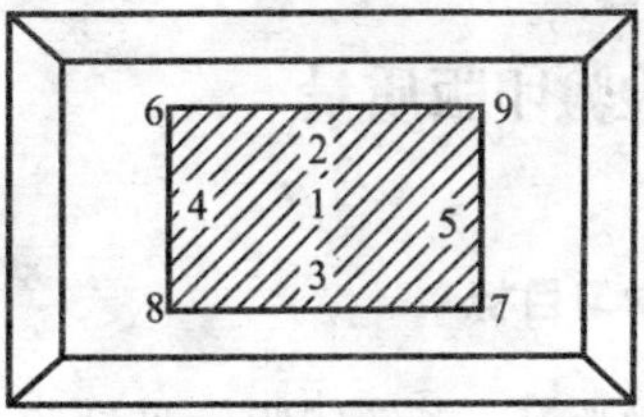

图4-7　张力测定点

1～9—张力测定点

在绷网过程中，为了使丝网得到均匀一致的张力，要求随时用张力计测量丝网的张力大小，达到标准张力值时，应停止给力，使丝网静置10～15min，进行时效处理，以使张力进一步均匀传导并使张力稳定。用张力计测张力时，一般采用5点测试法，即在网框中心与四角均匀选择5个测试点，在每点经向、纬向各测一次，其张力值均应在标准范围内，但各点差距越小越好。大型网框可采用6点或9点测试法，测试方法同上，如图4-7所示。绷网后的48h内张力有明显下降的趋势，3～5天后则下降不明显，6天以上基本稳定，因此绷网应有储备，最好预先绷好备用，避免急用现绷。

各种丝网采用毫米（mm）张力计时，一般控制的参考张力值如下：

真丝网　1.5～2.2mm；　　　　聚酯丝网　1.3～2.0mm；

尼龙丝网　1.5～2.0mm；　　　　　　　　　金属丝网　1.2～2.0mm。

(3) 网版的"时效"处理

绷好的丝网版随时间推移版面张力会有下降，一般在24～48h内变化较大，3～5天以后逐渐稳定，张力下降变化微小，根据上述情况在实际工作中不可忽视要适时选用，确保制作合格的网印版，保证印刷质量（见图4-8）。

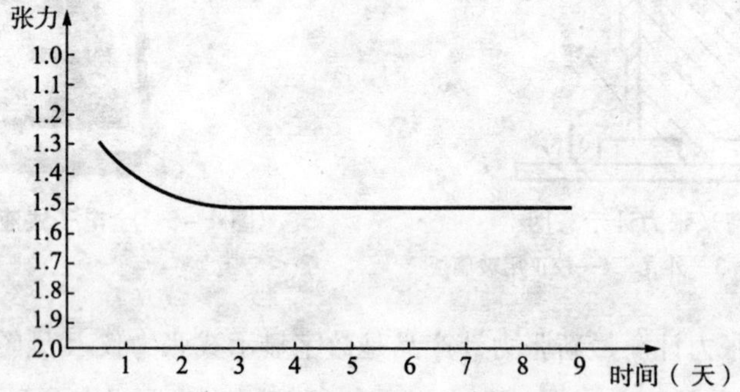

图4-8　版面张力变化示意图

❖注意事项❖

①绷网时要注意丝网经、纬相垂直保持均匀张力，多色套印的分色版表面张力要一致。

②绷好的网版当天不能用，要经过3～7天的时效处理，等网版表面张力稳定后再使用。

4.3　检验印版质量

❖学习目标❖

通过学习，了解印版常见缺陷的特征，掌握目测线条版的砂眼、划痕等常见缺陷的技能。

❖操作步骤❖

目测线条版常见缺陷的步骤：

①擦净看版台玻璃。

②将印版印刷面朝上放置于看版台上。

③目测版面图文部分是否有脏污。

④目测版面空白部分是否有砂眼、划痕。

❖相关知识❖

印版常见缺陷的特征：

（1）空白部位胶膜常见缺陷

①砂眼：胶膜上出现的细小透亮点。

②划痕：胶膜上出现透网细道。

（2）图文部位常见缺陷

在通透网面出现小块胶点或其他阻光脏污。

❖注意事项❖

制好网印版应存放在恒温干燥地方的存版架上。存放形式有水平式和竖立式两种（如图4－9所示）。水平式是将同一规格的网印版，放置在版架的一层内，可重叠放置。竖立式是将丝网印版竖立在版架上的版槽内，较大网版最好采用竖立式，以防丝网下垂。

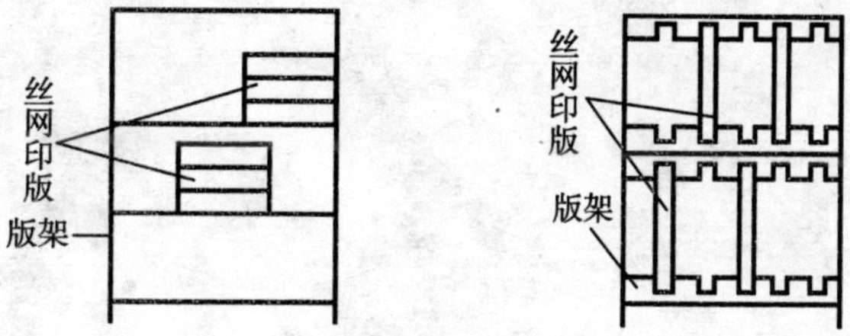

（a）水平式　　（b）竖立式

图4－9　网版存放

长期待印的网印版，可包好存放在包装箱中，防止灰尘、氧化、污染等，密封保存待印。

本章复习题

1. 如何测量底片的图文尺寸？
2. 网印底片质量的基本要求有哪几项？
3. 如何核对丝网类型和丝网目数？
4. 如何使用张力计测定网版张力？
5. 网版张力测定的点位和方法如何掌握？
6. 绷制好的网版为什么不能马上使用？
7. 印版常见缺陷的特征是怎样的？
8. 绷制好的网版应如何标注？
9. 如何存放网印版？

第二部分

网版制版工（中级工）

1 底片制作

本章提示

了解生产通知单的内容，能掌握看懂生产通知单中各项内容的技能；会辨别感光胶片与打印胶片；能够运用计算机辅助设计软件制作简单线条图文稿；能够确定底片的缩放倍率；掌握单色网目调底片的制作方法和操作步骤；能够制作多色线条版底片。

1.1 准备制作底片

1.1.1 看懂生产通知单

❖学习目标❖

了解生产通知单的主要内容，掌握看懂生产通知单中各项内容的技能。

❖操作步骤❖

①阅读生产通知单。生产通知单上标明了活件的名称、数量、尺寸、色数、承印物种类、丝网类型等信息，要仔细阅读，理解通知单中的各项要求。

②按生产通知单准备器材和物料。

③按生产通知单要求施工。每完成一件工作，要按通知单的数据核对，并在通知单上进行标记。

❖相关知识❖

生产通知单的主要内容和指令要求。

每家企业面向的客户不同，生产的产品不同，生产通知单也不完全一样，但基本的要求相同。一般的生产通知单都应该包括活件名称、编号、原稿类型和数量、印制数量、尺寸、色数、承印物种类、丝网类型等信息，通常在备注栏或要求栏还要注明特殊的要求和注意事项。印前制版工序除了要提供原稿外，还要提供制版的版式。

生产通知单的作用是规范生产的流程，避免差错，便于生产管理。因此要严格按生产通知单的要求完成。

❖注意事项❖

生产通知单是生产管理的凭证，完成后的生产通知单也要妥善保管，定期汇总。如果通知单的内容还涉及下一个工序，则应将已完成的内容进行标记，并由责任人签字后交给下一个工序。

1.1.2 辨别感光胶片与打印胶片

❖学习目标❖

了解感光胶片与打印胶片的特点和区别，能辨别感光胶片与打印胶片。

❖操作步骤❖

辨别感光胶片与打印胶片的步骤。

①观察胶片的片基，根据片基的薄厚、材质判断。打印胶片一般比照排胶片薄，不如照排胶片平整。

②用手指摸胶片的图文，感觉图文是否有略微的凹凸感。有凹凸感的是打印胶片，无凹凸感的是照排胶片。

③对着光线观察，察看图文的墨色是否浓黑、均匀，打印胶片通常会出现有规则的条纹，墨色不匀，而照排胶片密度高，无不均匀的现象。

❖相关知识❖

感光胶片与打印胶片的区别。

打印胶片看上去很像照排胶片，需要仔细观察才能区分。一般来说，可以从以下几个方面区分。第一，打印胶片的片基比较薄，手感较软，而照排胶片较厚实；第二，打印胶片墨粉附着在片基表面，因此用手可以感觉到图文的凹凸感，墨粉可以很容易被指甲刮掉，而照排胶片的图像是感光层形成的，黑与白区域都在同一个平面上，没有凹凸感；第三，照排胶片的图文区密度很高，看上去很黑，而打印胶片的墨粉黑度不高，有透光的感觉，尤其在大面积的图文区域给人以不均匀的感觉。

❖注意事项❖

激光打印胶片与墨粉的结合牢度不高，用手可以将墨粉抠掉，将胶片来回多次弯曲也会弄掉墨粉，因此操作时一定要小心仔细，不能损坏底片、图文。

1.1.3 运用计算机辅助设计软件制作简单线条图文稿

❖学习目标❖

了解计算机辅助设计软件的使用知识，掌握运用计算机辅助设计软件制作线条稿等简单图形的技能。

❖操作步骤❖

①分析版面的组成，制定制作方案，选择制作软件。

②进入制作软件，按要求进行制作。

③对照生产通知单和制作版式要求，检查制作的效果，必要时还应该打印校样，进行核对和必要的修改。

例 1　简单文字的制版。

如果版面中只有文字，并且文字也没有特殊的效果，对文字的定位也没有严格的要求，则可以使用任意具有文字处理功能的软件进行版面的制作，如使用 Word 制作。在使用 Word 进行制作时，唯一需要注意的是文字的字体和字号设置，使文字的大小、字体、字距等满足客户的要求。但由于 Word 是办公软件，功能十分有限，很难控制设计的内容，不太适合制版使用，最好使用 CorelDRAW、Illustrator 或 Freehand 之类的专业软件，可以制作出更好的效果。但由于版面内容是文字，最好不要使用 Photoshop 等图像处理软件制作。

下面以 CorelDRAW 为例说明制作方法，Illustrator 或 Freehand 与此操作非常相似，可模仿进行操作。

首先进入 CorelDRAW 应用软件，如果屏幕出现欢迎界面（见图 1－1），则在界面中选择建立新文件功能，如果不出现欢迎界面，则在文件菜单中选择新建命令。在新文件的空白页面中，在工具箱中选择使用文字工具，在文字的位置输入需要的文字。在输入文字之前，可以首先选择文本菜单中的文本格式命令，在出现的格式化文本对话框中设置文字的字体和字号，这样可以使之后输入的文字都具有所设置的文字字体和字号（见图 1－2）。也可以在输入文字以后再设置字体和字号，这时需要在工具箱中点击选择工具（箭头工具），将需要设置的文字框用鼠标选中，然后在工具栏中的字体、字号下拉框中选择需要的设置，如图 1－3 所示。

图 1－1　CorelDRAW 的欢迎界面，可以在此建立新文件或打开已有文件

图 1－2　在文本设置的对话框中设置字体和字号

例 2　有特殊效果的文字或复杂一些的线条稿。

如果所制作的文字效果有特殊效果，如文字沿一条曲线排列，或版面中除了文字还有图形等内容，如公司的标志等。这种效果在制作运动服的号牌时常用，例如制作图 1－4 的效果。这时必须使用 CorelDRAW、Illustrator 或 Freehand 之类的专业软件才能完成制作。

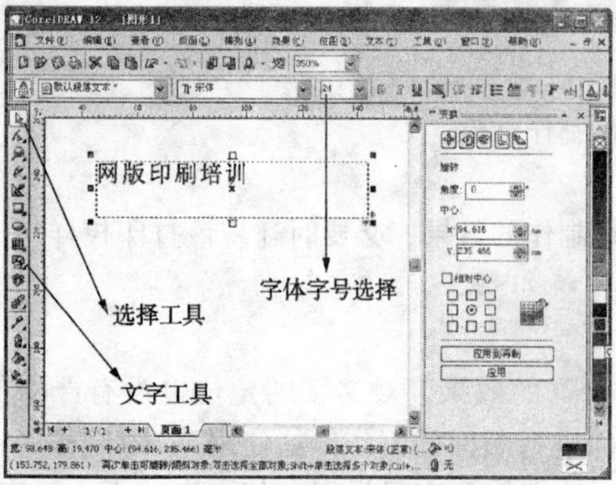

图 1－3　在文本设置中设置字体和字号

图 1－4　运动服印字的效果

首先进入应用软件界面，选择建立新文件。在工具箱中选择曲线工具或画椭圆工具，画出一条文字排列形状的曲线，并在工具箱中选择线段类型工具，将线条颜色设置为无，或在窗口上面的工具栏笔尖图标旁的下拉菜单中选择“无”。在曲线仍然被选中的条件下，在文本菜单中选择“使文本适合路径”命令，文本输入光标就会出现。参照上例的步骤输入文字并设置字体和字号，这时的文字就排列在曲线上了。

如果还需要在版面中排列其他图形或图像（已经制作好的），如公司标记等，则可以在文件菜单中选择“导入”命令，在导入对话框中选择要导入的文件名。CorelDRAW 可以支持 Tiff、JPG、EPS 等多种文件格式。如果公司标记比较简单，也可以直接在 CorelDRAW 中绘制。对于较复杂的图标，可以用扫描仪扫描成单色图，然后用导入命令粘贴到版面中，如果需要彩色图标还可以在绘图软件中给图像指定颜色。

❖相关知识❖

（1）CorelDRAW 的操作界面

CorelDRAW 的主界面如图 1－5 所示，主界面由主菜单（最上面一行）、工具箱（最

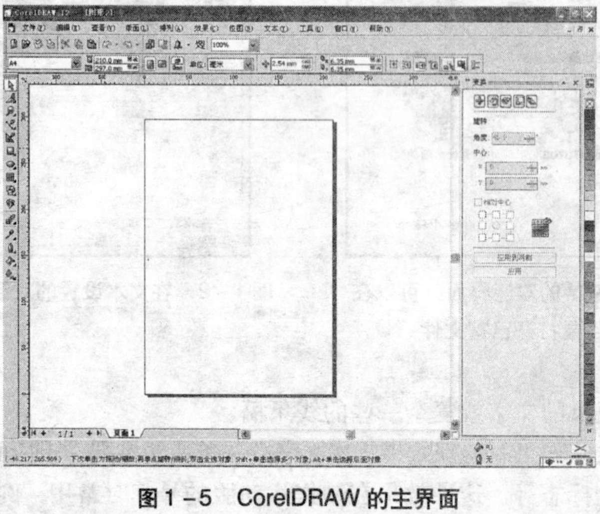

图 1－5　CorelDRAW 的主界面

左面的图标）、工具栏（主菜单下面）、调色板（最右侧的色块）和信息控制窗口（右侧）。

工具箱中有最常用的工具图标，各图标的功能如图 1－6 所示。图中各主要工具的作用如下：

选择工具用来选择版面中的对象，是最常用的工具。

曲线编辑工具用来修改曲线的形状。

放大镜用来放大版面中的对象，观察对象的细节，如果所用鼠标带有滚轮，则可以用滚轮的前后滚动来代替放大镜的放大与缩小。

画曲线工具用来绘制各种不规则形状曲线，其中包括徒手画曲线和画贝塞尔曲线等工具，是绘制复杂图形的重要工具。

特殊形状工具中包含绘制多边形和常用特殊形状的工具，如绘制五角星、云状的对话框等。

画矩形工具用来绘制长方形。选择此工具后，按住左键并拖动鼠标，就可以画出长方形。在画长方形的同时如果按住 Ctrl 键可以画出正方形。

画椭圆工具用来绘制椭圆。选择此工具后，按住左键并拖动鼠标，就可以画出椭圆，在画椭圆的同时如果按住 Ctrl 键可以画出圆形。

画多边形工具可以画出常用的多边形，如三角形、六边形等，画图的方法同矩形和椭圆形工具。

文字工具用来输入文字。选择此工具后，在版面需要文字的地方单击鼠标，就会出现文字输入光标。如果在按住鼠标左键的同时移动鼠标，则会在版面中出现一个文字框，所输入文字被限制在这个文字框中。

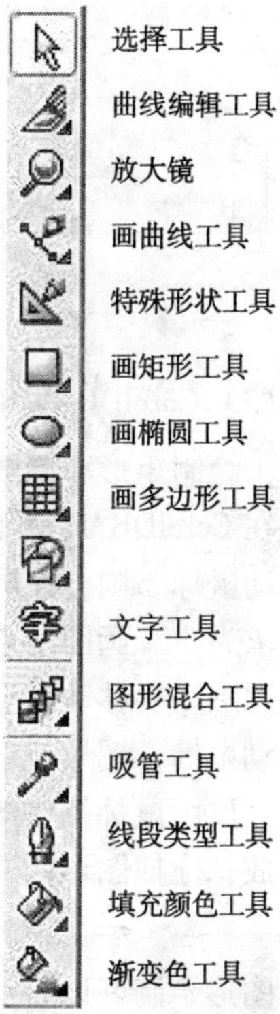

图 1－6　CorelDRAW 的工具箱

图形混合工具用来产生不同形状间的过渡变化，如从正方形过渡变化到圆形等。使用时，需要选中要过渡的两个形状。

吸管工具用来吸取和检查图形中的颜色值。

线段类型工具用来设置线条的颜色、粗细、虚实等性质。

填充工具用来给封闭的图形设置并填充颜色。

渐变色工具用来给封闭的图形填充渐变色。

工具栏中包含了最常用的一些设置栏，提供一些图形对象的信息。工具栏的具体内容与所选择工具有关，选择不同的工具会提供不同的工具栏。如图 1－7 所示的工具栏是选择了选择工具时的状态，如果选择文字工具，则在工具栏中显示文字字体和字号设置工具、排版的工具，如图 1－8 所示。工具栏中的第一行依次是建立新文件、打开文件、保存文件、打印、拷贝、剪切、粘贴、重做等图标，各种状态下基本不变；第二行是与工具类型有关的项目。

调色板中包含一些最常用的颜色，只要将调色板的色块用鼠标拖到图形上，就可以给对象上色。操作者可以自己设定调色板中的颜色。

状态信息窗口中列出了图形对象的状态，可以在状态窗口中设置对象的变换，如平移、旋转、变形等。状态信息窗口中的内容也随所选中的对象类型而改变。

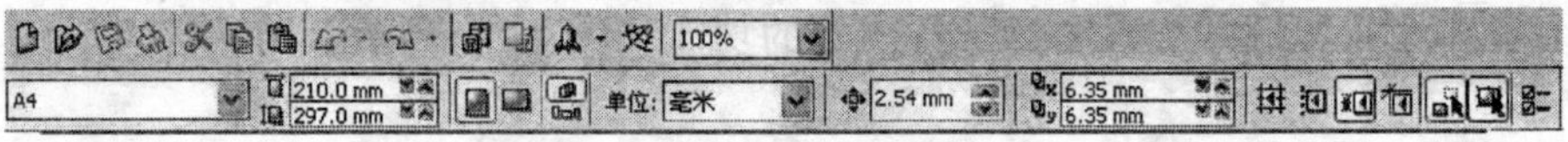

图 1－7　选择工具状态下的工具栏

图 1－8　文字工具状态下的工具栏

（2）CorelDRAW 的基本操作

①绘制矩形和椭圆。

在 CorelDRAW 界面中，选择矩形或椭圆工具，在需要画图的位置压下鼠标左键，同时移动鼠标，则会在屏幕上出现所画矩形或椭圆的形状。缓慢移动鼠标，直至所画图形满足要求为止。画图结束后，如果要调整图形的位置或尺寸，还可以使用选择工具来移动和改变图形。要移动图形，可以将鼠标放到图形内，当光标变为十字形状时，按住鼠标左键并移动鼠标，图形就会随着鼠标移动，直至合适位置为止。如果要改变图形的大小和比例，可以用鼠标拉住图形四周的拉手并拖拽鼠标。拖拽图形四个角的拉手可以使图形按比例缩放，拖拽图形四边中间的拉手，可以使图形的某个边长发生改变，从而改变图形长宽比例。

图形绘制好以后，可以在工具箱中选择线段类型工具设置或改变线的状态，如线的粗细和颜色，单击线段类型工具图标，就可以出现如图 1－9 所示的选项，从中可以设置线条的粗细和颜色。对于封闭图形，还可以将调色板中的颜色直接拖拽到图形中填充颜色，如果调色板中没有合适的颜色，可以在工具箱中单击填充工具，会出现如图 1－10 所示的填充选项，从中选择和设置填充的颜色和类型。

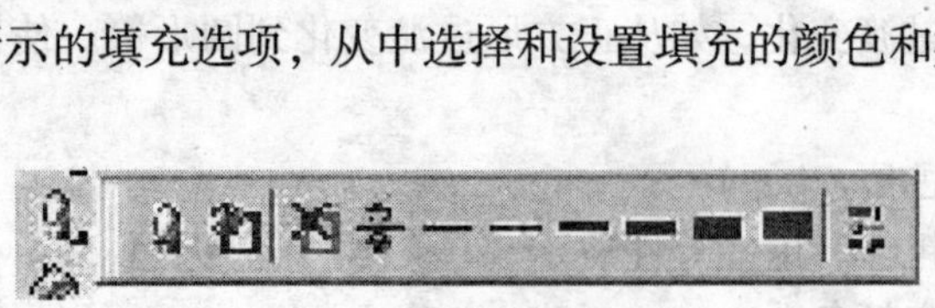

图 1－9　线段设置工具的选项

图 1－10　填充工具的选项

②画线。

曲线是组成图形的最基本元素，是画图的重要操作，画线工具提供了多种画线的功能。最常用的画曲线功能是画贝塞尔曲线功能，用贝塞尔曲线可以组成任何复杂的图形。

选择工具箱中的曲线工具，如果曲线工具的图标不是形状，则可用鼠标单击曲线图标并保持一段时间，从曲线图标中会弹出可选的曲线工具，将鼠标移到上并松开，即可选中贝塞尔曲线功能。

画贝塞尔曲线时，用鼠标点击绘图点，但不要马上松开，按住鼠标左键并向曲线变化方向轻轻移动，则在绘图点会出现贝塞尔曲线的拉手，拉手的两个端点是贝塞尔曲线的控制点，改变控制点的位置和拉手的长度，就可以改变曲线的弯曲形状，如图 1 – 11 所示。

画贝塞尔曲线时，通常是先用曲线工具画出曲线的大致形状，然后再用曲线编辑工具调整贝塞尔曲线的拉手长度，仔细调整曲线的形状，必要时可以在曲线上增加或减少绘图控制点。一般来说，绘制曲线时要尽量用最少的绘图点来达到曲线的形状。

曲线绘制完成后，可以使用曲线类型工具 来设置或改变曲线的特性，如曲线的颜色和粗细。使用贝塞尔曲线工具也可以绘制封闭的图形，只要将曲线的终点与起点重合即成为封闭曲线。对于封闭曲线可以进行填充。

③使用文字。

要在版面中输入文字，可以选取文字工具 ，然后在版面中需要输入文字的位置单击鼠标，或按下鼠标后拖拽鼠标，画出一个矩形的文本框，此时输入的文字会被限制在文本框内。当选择了文字工具后，工具栏中会出现相应的文字选项，如字体和字号的设置、加粗、斜体、排列方式等。字体和字号可以在输入文字之前设置，也可以在输入文字以后设置。当输入文字后设置字体时，要将待设置的字体用鼠标选中（按住鼠标左键划过待设置文字，使文字突出显示）。

在图形处理软件中，文字都是按照图形的方式来处理，所以在图形处理软件中可以将文字转换为曲线，转换为曲线后的文字可以按图形来处理，对其使用所有的图形编辑功能，如填充渐变色、改变或调整文字的笔画形状等，可以得到比直接使用字体更丰富的功能，如图 1 – 12 所示。为了将文字转换为图形，输入文字以后使用选择工具（箭头工具）并将文字选中，然后在排列菜单中选择“转换为曲线”命令，或用 Ctrl + Q 快捷键。

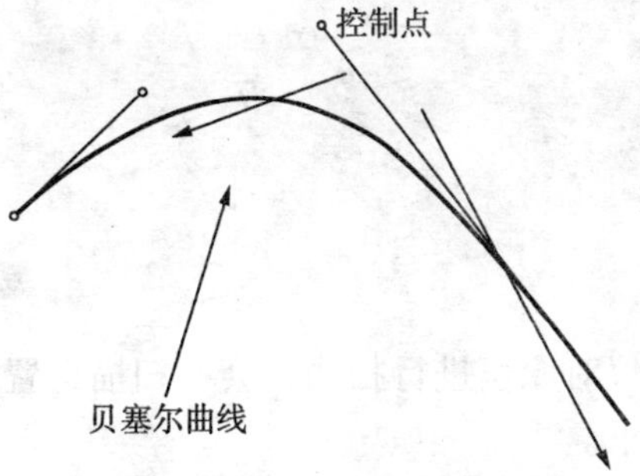

图 1 – 11　贝塞尔曲线的控制点

（a）转换为图形后填充渐变色

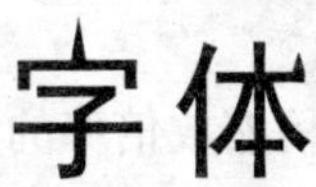

（b）转换为图形后改变字体形状

图 1 – 12　字体变换

在 CorelDRAW 中，文字还可以按一些特殊的方式排列，如按任意曲线形状来排列，这个功能在设计中经常用到，如图 1 – 13 所示的效果。首先输入需要的文字，然后使用曲线工具画出所需要的形状。用选择工具选中文字，在文本菜单中选择“使文本适合路径”命令，这时光标会变为一个箭头形状，用这个箭头点击曲线，文字就会排列在曲线上。也可以用选择工具同时选中文字和曲线（见方法④），再使用“使文本适合路径”命令，也可以达到同样效果。

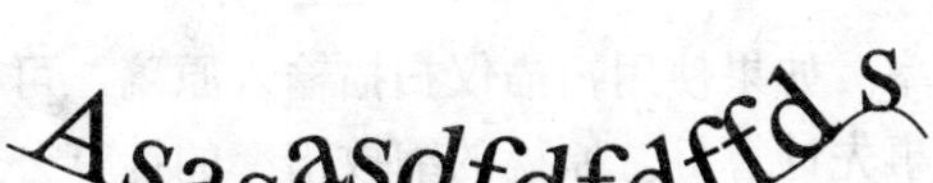

图 1 – 13　文字排列在曲线上

④使用选择工具。

选择工具是使用最频繁的工具，任何需要编辑的对象都必须首先用选择工具选中。

选择某个对象的操作非常简单，只要用鼠标单击待选择对象即可。当对象被选中后，对象的四周会显示出包围对象的矩形框，表示该对象被选中。如果需要同时选择多个对象，则可用将鼠标移到待选择对象的左上角，按住鼠标左键并向待选对象的右下角方向移动，用拉出的矩形框包围所有待选对象。如果待选对象不在一起，不能用鼠标拉框选取，或者所拉选择框会将其他对象也选择进来，则可用单击一个待选对象，然后在按住 Shift 键的同时单击其他待选对象，直至所有对象都被选中再松开 Shift 键。

选择工具的另一个作用就是用其拖拽图形对象。当需要移动某个对象时，可以直接用选择工具拖拽移动。当用鼠标双击图形对象后，图形的四周会出现旋转的箭头，此时如果用鼠标围绕图形旋转移动，可以将图形进行任意角度的旋转。

❖注意事项❖

①制作线条图最好使用图形软件，这样制作的效果好，制作方便。图形制作软件有多种，各种软件的操作有一定差别，但功能大同小异。各种应用软件的功能非常强大，必须要多用、多练习才能熟能生巧。

②制作时要了解印版所使用的丝网目数，因为丝网目数决定了可印刷的最小线条宽度，避免因线条太细而丢失。

1.2 制作底片

1.2.1 确定底片的缩放倍率

❖学习目标❖

掌握计算原稿缩放倍率的方法，能够操作扫描仪对原稿进行扫描，会在扫描设置对话框中设置扫描的参数，扫描图像符合印刷成品的要求。

❖操作步骤❖

设定原稿缩放倍率有以下几个步骤。

①观察原稿，确定制作方案。测量原稿尺寸，分辨原稿的类型，针对原稿是线条稿、照片、透射或反射原稿的情况，确定处理原稿的方法。对于简单的原稿，可以考虑采用刻膜的方法制作，根据设备条件，也可以采用照相制版的方法。目前，最方便的方法是将原稿通过扫描的方法输入到计算机，然后再作处理，最后将制作好的页面输出胶片。

②根据通知单明确印刷尺寸。根据通知单要求的成品尺寸和原稿尺寸，计算放大倍率。

③计算原稿的缩放倍率。如果使用扫描仪扫描输入原稿，可以在扫描设置界面中完成缩放倍率的计算，也可以事先计算好。原稿的缩放倍率的计算公式如下：

$$\text{原稿的缩放倍率} = \frac{\text{成品尺寸（边长）}}{\text{原稿尺寸（边长）}} \tag{1}$$

❖相关知识❖

底片缩放倍率的设定方法。

在使用手工制作底片或用照相法制作底片时，必须首先按式（1）计算原稿的缩放倍率。如果使用扫描仪输入原稿，则可以在扫描设置对话框中分别设置原稿尺寸和扫描成品尺寸，计算机会自动根据原稿尺寸和成品尺寸计算出缩放倍率。下面以比较常用的 Microtek 扫描仪的操作为例来说明扫描的操作步骤，其他品牌和型号的扫描仪操作与此类似，可参照进行。

Microtek 扫描仪的驱动软件有两种形式，一种为独立运行的软件，另一种为 Photoshop 的插件形式。无论哪种形式，一旦进入后，界面与操作方法都基本相同。由于扫描后的图像一般都要用 Photoshop 进行处理，因此使用 Photoshop 插件形式的操作更加方便，下面以此来加以说明。

当进入 Photoshop 后，在文件菜单的输入中有一个 Microtek 扫描仪命令，如图 1－14 所示，选择该命令就可以进入扫描界面。如图 1－15 所示的扫描界面由两部分组成，左边是扫描窗口，扫描图像显示在扫描窗口中；右边是扫描设置窗口，在这里设置扫描参数；在扫描窗口上面是主菜单和工具图标，所有的操作都可以通过菜单进行，最常用的工具按钮和图标列在下面，以方便操作。

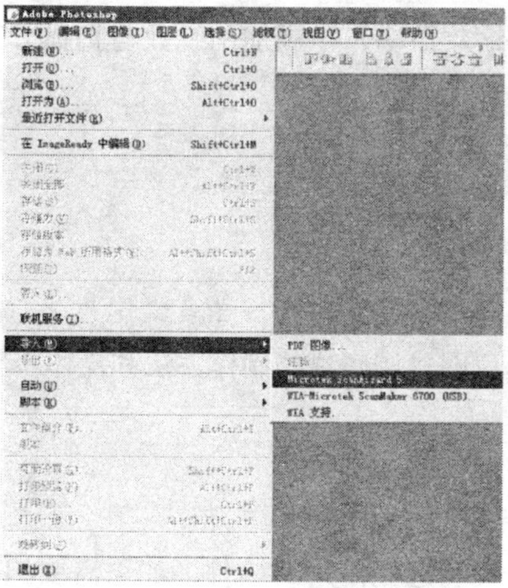

图 1－14　在 Photoshop 中调用扫描仪软件

图 1－15　在扫描界面中操作和设置参数

将原稿放在扫描平台上以后，盖上扫描盖，首先点击“预览”按钮，扫描仪会将整个扫描平台粗略地扫描一遍，可以根据粗扫的图像确定原稿或要扫描的位置。用鼠标拖拽出一个矩形框并圈住要扫描的区域，然后单击“预扫”按钮，扫描仪会将矩形框包围的区域扫描并显示出来。可以用放大镜工具对显示图像放大，用手掌工具移动图像，仔细调整扫描区域框。两个吸管形状的图标分别是暗调和高光定标工具，分别选取这两个工具，在图像中分别点击图像中最暗和最亮的点，使图像的阶调层次充满扫描阶调范围。

在正式扫描之前，要首先设置扫描图的类型（彩色、单色或二值图）、扫描分辨率、成品尺寸。当用鼠标选取了扫描范围后，在扫描范围的宽和高度栏中会显示出尺寸，这时可以在缩放栏中输入缩放比例的数值，扫描软件会自动计算出成品的尺寸并显示在输出栏中，或者用鼠标点击“锁定扫描画面大小”选项，在输出栏中直接输入成品的宽或高尺寸，缩放比例栏中的数字会随扫描和成品尺寸而改变，显示出缩放率。

通常，对于网目调图像的扫描分辨率应该等于印刷加网线数的2倍，例如加网线数为100lpi，则在分辨率栏中设置为200，也可以在下拉菜单中选择一个近似的值。因此，在扫描原稿之前必须知道印刷的加网线数。

所有参数的设置和调整完成后，用鼠标单击“扫描”按钮，扫描仪会对原稿进行正式扫描。扫描结束后，图像显示在扫描窗口，关闭扫描窗口后，扫描图像会自动进入到Photoshop中，可以对图像进行下一步的处理。

值得注意的是，对预扫图像进行定标操作会对扫描图像的阶调和颜色都产生很大影响，因此要特别注意。应该尽量通过对图像的定标来调整图像的阶调和颜色，因为在扫描前对图像进行定标的调整，比在Photoshop中对图像进行调整的效果要好，图像的损失比较小。

❖注意事项❖

①在计算原稿缩放倍率时要注意成品的剪裁，成品尺寸是印刷成品的边长，原稿尺寸是指剪裁以后的有效原稿边长。

②在进行原稿扫描设置时，要注意扫描尺寸、缩放倍率、印刷加网线数与扫描分辨率的关系。原稿的缩放倍率可以在扫描原稿时设置。

1.2.2　制作单色网目调底片

❖学习目标❖

能够使用桌面出版系统和相应的软件，掌握单色网目调底片的制作方法和操作步骤。

❖操作步骤❖

制作单色网目调底片的步骤：

①阅读任务单，按照任务单的要求设计制作方案和选择使用的软件，如果需要扫描原稿，则要按照上节介绍的方法进行原稿扫描。

②对扫描图进行处理，对扫描图像进行必要的剪裁、制作、修版和阶调的调整，使图像符合印刷的要求。

③在组版软件或图形软件，如PageMaker、CorelDRAW或Illustrator中将处理好的图像调入，进行组版或版面的设计，将图像按尺寸和位置排好，输入必要的文字，添加必要的装饰图案，完成整个版面的制作。

④将制作好的版面文件传送到照排机上输出胶片。如果没有照排机，则可以将文件送到输出中心输出胶片。送到输出中心的版面文件可以是组版文件和相应的图像文件，也可以是版面文件输出的PS文件。在输出胶片前，首先需要根据印刷条件确定加网线数、加网角度和使用的网点形状，输出时在RIP中输入这些加网参数。

❖相关知识❖

（1）加网技术基础知识

网点的形成因印前图像处理方式不同而有所不同，最早采用照相分色加网方式，这种方式采用网屏工具来形成网点。

玻璃网屏是由两块特制的光学玻璃，按照规定的线数，进行精心刻画线条与化学处理成为等宽黑白平行直线，并垂直胶黏而成，如图 1－16 所示。玻璃网屏形成网点的过程如图 1－17 所示。

随着印刷技术的发展，玻璃网屏已被接触网屏所代替。

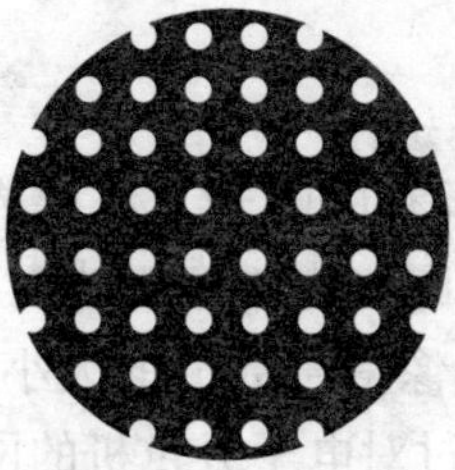

图 1－16　玻璃网屏

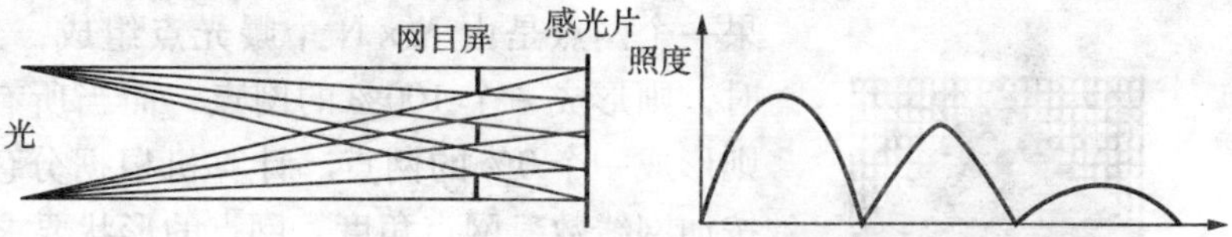

图 1－17　网屏形成网点的过程

接触网屏是一种需要与感光材料紧密接触的薄膜式网屏，与玻璃网屏不同的是接触网屏的透明小方格的透光能力有一定的变化，即中心透光能力强，四周的透光能力依次递减。如图 1－18 所示。

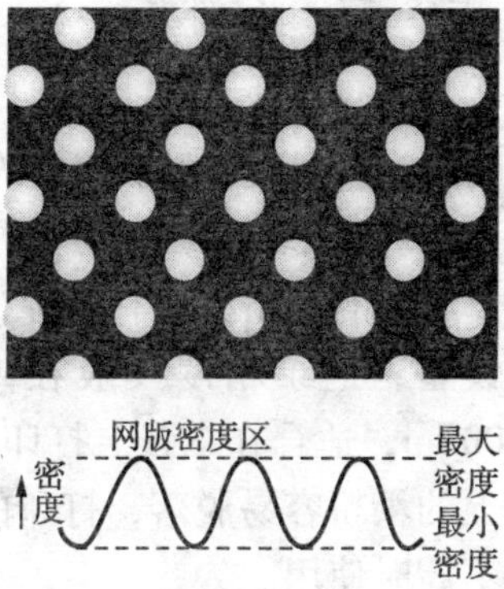

图 1－18　接触网屏

一般的原稿具有很多的密度等级，为了便于说明，现以灰梯尺为原稿，使用接触网屏加网，将梯尺由连续调变为网点调图像，网点形成的机理如图 1－19 所示。图中，A 为连续调透射原稿（灰梯尺），其密度从左向右逐级降低。从光源发出的光线首先透过原稿，密度较低部分透过的光量最多，密度越高，透过的光量越少。B 为接触网屏的密度分布。C 为感光材料黑化的临界光量，表示只有达到感光材料的光量大于该临界光量时，才能使感光材料感光形成密度。D 为形成的网点大小。

由于网屏的网孔呈现有序的排列，可以有规律地调节通过光量，因此，形成的网点在空间的分布不仅有规律，而且单位面积内网点的数量是恒定不变的，原稿上图像的明暗层次依靠每个网点面积的变化，在印刷品上得到再现。对应于原稿墨色深的部位，印刷品上网点面积大，接受的油墨量多；对应于原稿墨色浅的部位，印刷品上网点面积小，接受的油墨量少。这样便通过网点的大小反映了图像的深浅。

无论在电子分色处理系统中，还是在数字化印前图像处理系统中，都是采用电子加网方式形成网点，只不过在电子分色中由网点发生器形成网点，而在数字化印前图像处理系统中则是由 RIP（栅格图像处理器）形成网点。

电子加网形成的网点是由若干个曝光点组成，如图 1－20 所示是一个单独网点的放大图。曝光点的大小与输出设备的分辨率有关，输出设备的分辨率越高，曝光点就越小。如

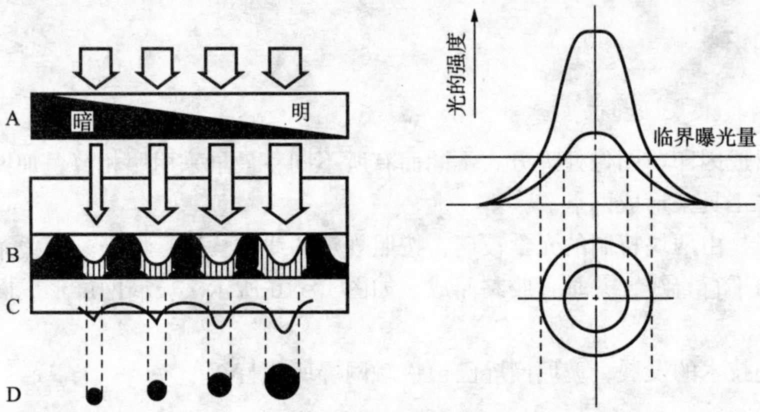

图1-19　网点形成的机理

图1-20　电子加网形成的网点

果一个网点是由 N×N 个曝光点组成，当所有的曝光点都曝光时，则形成一个100%的网点，而当所有的曝光点都不曝光时，则形成一个0%的网点。计算机根据分色图像信号数值的大小，按加网线数、网点角度、网点的形状要求通过对电子分色机的网点发生器存储的网点数据或RIP中存储的网点数据进行比较，就可对曝光点进行有选择地曝光，从而就形成了不同特征、不同网点百分比的网点了。

（2）照排机（打印机）在制版中的应用

在计算机中制作的版面必须要先输出成底片，才能用底片进行晒版。丝网印刷晒版使用的底片一般为正阳图，即有图文的区域为黑色，空白区域透光，对着底片药膜面观察时的图文是正向。

底片的输出方式有多种，要根据制作的精度要求合理选择。照排机是输出底片的专用设备，记录精度一般在1200～3000dpi。一般激光打印机的记录分辨率在600～1200dpi，适合在纸张上打印，也可以打印在经过特殊处理的专用胶片上，但打印在胶片上的墨粉容易脱落，打印的精细程度也不太高，打印的胶片会有变形，只有在精度要求不高时使用。

在制作网目调底片时，底片的输出要使用照排机才能保证输出精度，因为加网图像的网点都很小，输出设备精度不高会造成阶调层次的损失或图像缺陷，直接影响晒版质量。对于彩色分色片，输出精度不高还会造成套印的误差。

如果制作的底片仅仅是精度要求不高的线条稿，不需要加网，可以考虑用激光打印机输出硫酸纸或透明胶片来代替照排胶片，以降低底片的制作成本。

❖注意事项❖

要根据承印物的性能和印刷的条件合理设置加网线数，加网线数太高，会由于印刷网点扩大造成阶调的损失。一般网版印刷的加网线数在60lpi以下。

1.2.3　制作多色线条版底片

❖学习目标❖

了解分色、套印和叠印的概念，掌握在应用软件内制作多色线条图和输出底片的方法。

❖操作步骤❖

制作多色线条版底片的步骤：

①仔细阅读生产通知单，了解清楚版面的要求、颜色数和种类，确定制作线条底片的方法。如果是简单的彩色线条图，并且精度要求不高，可以使用手工制作的方法。但最方便的制作方法是在计算机上用图形软件绘制。

②在图形处理应用软件中制作多色线条图。制作多色线条图的方法与制作单色线条图的方法一样，首先要画出线条，然后在颜色设置中设置需要的颜色，并将颜色赋予所画的线条。

③分色输出。将制作好的版面文件输出为分色胶片。如果没有照排机，可以将制作的电子文件送到输出中心输出。如果所制作的线条图不复杂，精度要求不高，则可以使用激光打印机输出硫酸纸或透明胶片。

输出时，要在应用软件的文件菜单中选择打印命令，在打印对话框中选择合适的打印机（一般应该是 PostScript 打印机）或照排机名称，在选项中要选择“打印分色”选项，并选择需要输出的颜色名。如图 1－21 所示为 CorelDRAW 的打印设置界面。

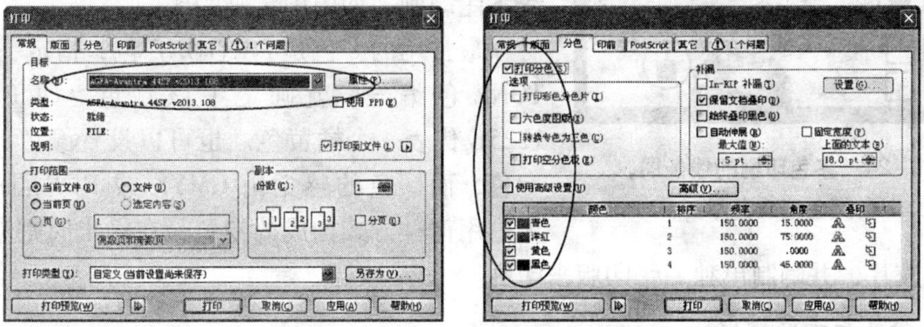

图 1－21　CorelDRAW 的分色打印设置（左图为设置打印机型号，右图为设置分色输出）

❖相关知识❖

（1）*在应用软件中设置颜色*

在任何应用软件中都有颜色设置的功能。颜色的设置分为 RGB 颜色模式、CMYK 颜色模式和专色模式三种类型。

RGB 颜色使用红、绿、蓝三原色混合各种颜色，混合规律符合加色混色规律，其基本规律如图 1－22 所示。RGB 颜色可以在显示器上显示出来，但要印刷出来必须经过分色，即必须将 RGB 颜色转换为印刷油墨的 CMYK 颜色。一般在 Photoshop 中处理的扫描图像大多是 RGB 模式图像，因此处理完成后都必须转换为 CMYK 颜色模式。

CMYK 颜色模式是一种以印刷油墨颜色表示颜色的方法，CMYK 的数值就是印刷到承印物上的油墨网点面积百分比。CMYK 颜色的混合符合减色混色规律，其基本规律如图 1－23 所示。凡是四色印刷的图像和页面，输出时都应该是 CMYK 颜色模式的，才能保证输出的颜色准确。

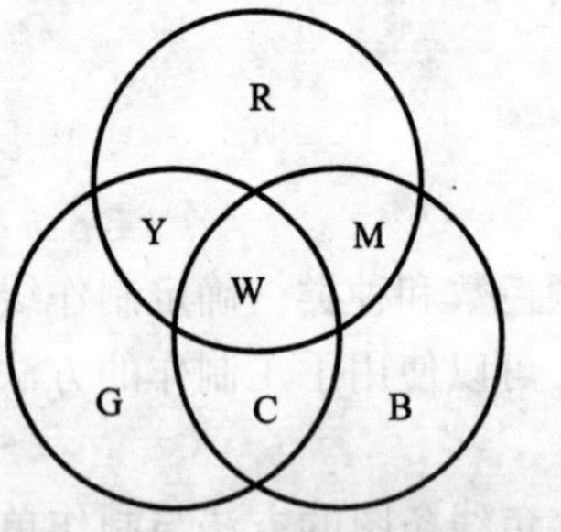

图 1－22　R、G、B 颜色加色混合规律

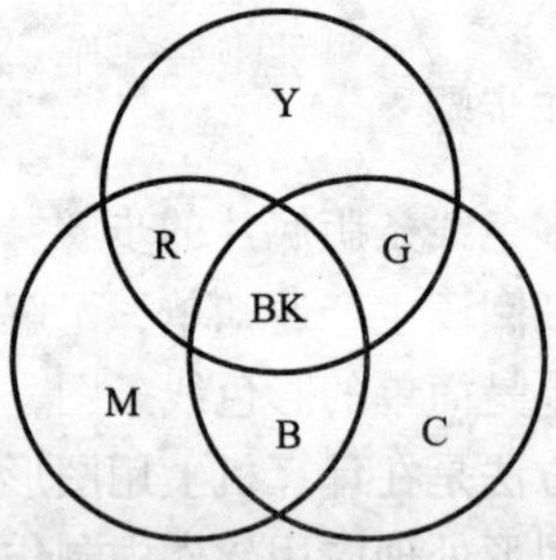

图 1－23　C、M、Y、K 油墨混合规律

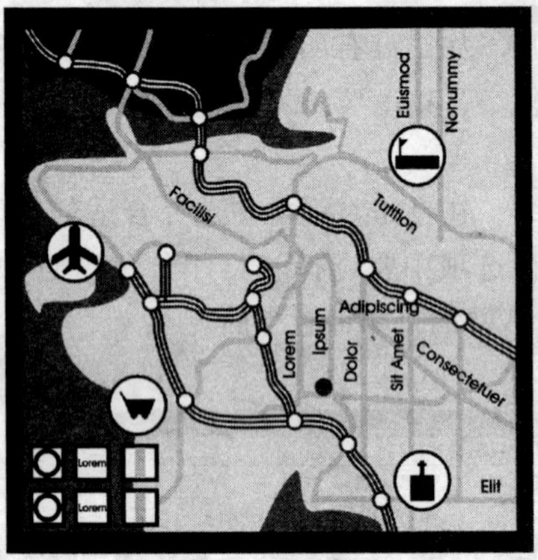

图 1－24　多色印刷的线条图，各颜色相互套印

专色模式是事先用油墨混合得到的特定颜色，不是通过原色油墨印刷形成的。印刷每一个专色时都要使用一块印版，所以要印刷多少个专色就必须使用多少块印版，也必须输出多少张分色片。各种专色在印刷时通常互相不叠印，将不同颜色的专色套印在不同的位置上，各色油墨不重叠，其印刷效果如图 1－24 所示。专色印刷通常用于包装印刷和线条图印刷，如中国年画的印刷。

最常用的专色是 PANTONE 色，指定一个 PANTONE 色编号，就确定了该颜色，如 PANTONE 1225C 代表一个橘黄色。也可以设置颜色的类型为专色，而颜色的感觉由 CMYK 或 RGB 混合而成。无论用何种方式构成的专色，在输出时都应该单独输出一张胶片，并晒制单独一张印版来印刷。

（2）分色与专色输出

在制作彩色版面时，所有的颜色最终都要由油墨印刷而成，因此最终的颜色都必须是 CMYK 油墨颜色或专色。

对于由扫描仪或数字相机得到的图像，颜色模式为 RGB，在用 Photoshop 处理完成后，都必须在图像菜单的模式子菜单中选择 CMYK 颜色命令来分色，将 RGB 颜色转换为 CMYK 颜色。这个颜色模式转换的过程就称为分色。

对于在组版软件或图形软件中制作的版面来说，在版面中设置的颜色都必须是 CMYK 颜色模式或专色，才能保证分色的正确。如果使用的是 RGB 颜色模式，则在输出胶片时，最终的颜色是不可预测的，很可能不满足设计的要求。

如果设置的颜色为专色，或者除了 CMYK 颜色以外还增加了其他专色，则在输出胶片时每个专色会输出一张胶片。除非必要，如果专色的颜色可以用四色油墨代替，最好使用 CMYK 油墨印刷，这样可以降低印刷成本，简化工艺。

在输出版面时，一定要清楚版面中使用了哪些颜色，应该输出多少张分色片，所增加的专色色版是否正确。图 1－25 所示的是 Adobe 软件打印输出界面的一部分，在页面中除了使用 CMYK 颜色外，还使用了一个名为 PANTONE Blue 072C 的专色。在输出颜色对话框中显示出版面中所使用的颜色名称和数量，一定要确认输出颜色正确无误，并且可以选择哪些颜色输出，哪些颜色不输出，输出的颜色前有“X”标记，没有“X”标记的颜色不输出。如图 1－25 中的黄色就不输出。如果发现输出的颜色不正确，或在输出时看不到颜色名，就必须返回到制作环节，检查问题出现在哪里。

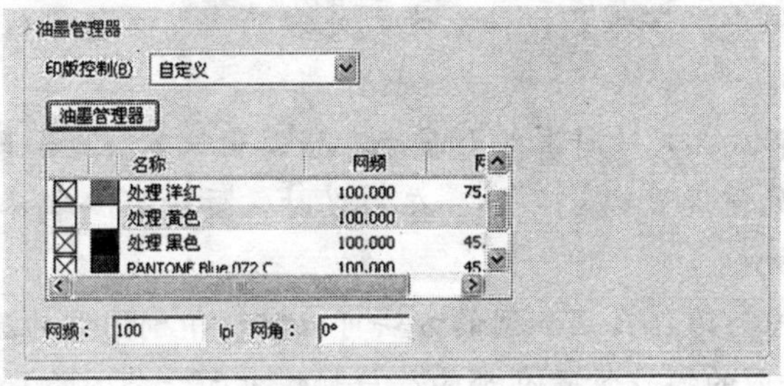

图 1－25　专色输出时的选项

（3）套印的基本知识

印刷复制过程是颜色的分解和合成过程。四色彩色复制工艺是指用黄、品红、青、黑四块印版进行四种油墨的印刷套合的工艺，通过统一套印规矩，达到四块印版印刷的油墨图文轮廓、位置准确套合。如果套印达不到要求，印刷品质量也就无从谈起。

❖注意事项❖

①制作多色线条图时最好使用图形处理软件，如 CorelDRAW、Illustrator 等，最好不要用 Photoshop 等图像处理软件，因为用图形处理软件比图像处理软件制作线条图更方便快捷，制作效果更好。

②在图形处理软件中设置的颜色类型一定要用 CMYK 颜色或专色，不能使用 RGB 颜色模式。如果版面中使用的颜色数不超过 4 色，则可以用 CMYK 的 4 个颜色代替所要颜色，这样可以按一般的 CMYK 彩色页面处理，只是屏幕上显示的颜色效果不一样。

③如果线条图中没有过渡色，则所有的线条都应该是实地，所以颜色的设置都应该是 100% 实地色，不要使用淡色，否则输出的胶片会带有网点。

④如果在版面中使用了 CMYK 颜色以外的专色，则要注意该专色是否被输出。如果在下面的颜色名中没有专色名，则专色不会被输出。

⑤在绘图软件和组版软件中绘制的线条不要太细，图形和线条颜色要考虑尽量不叠印，因为丝网印刷的套印精度不高，细线条会由于套印不准而错位，变成了其他颜色。

本章复习题

1. 生产通知单的作用是什么？制版工要注意阅读生产通知单上的哪些内容？

2. 激光照排机输出的胶片与激光打印机打印的胶片有何区别，如何区分？它们对制版的效果有何影响？

3. 请大致说明制作线条稿底片的方法和步骤，可以用哪些方法？有哪些需注意的问题？

4. 手工制作简单线条稿的方法和步骤有哪些？需要使用什么工具和材料？

5. 用计算机制作线条稿底片可以使用哪些软件？你在工作中主要使用哪些软件？

6. 在图形处理软件中，字体是按什么方式处理的，怎么将字体转换为图形并进行图形操作？

7. 如何根据原稿和成品尺寸计算缩放倍率？请写出计算公式和操作方法。

8. 在扫描原稿时如何设置缩放倍率？在扫描时需要设置哪些参数？请叙述扫描原稿时的主要操作步骤和方法。

9. 何谓网目调图像？为什么用加网的方法可以实现印刷图像的深浅和颜色变化？

10. 制作多色线条图的操作步骤有哪些？与制作单色线条图的差别是什么？

11. 在输出多色文件时要注意什么问题？如何选择输出的选项？

12. 如果版面中使用的是专色，而颜色数少于 4 色，在制作时可以如何设置和选择颜色？在输出打印时应该如何设置和选择颜色？

13. 如果版面中使用了 6 个颜色，除了 CMYK 颜色外还有两个专色，在制作时和输出时都应该怎样设置？

14. 制作彩色或多色线条底片时，应该如何设置颜色，如何保证颜色的正确性？

15. 为保证印刷质量，在制作彩色线条图时应该注意哪些问题？

16. 什么是套印？套印准确的重要性是什么？

2 膜版制作

本章提示

了解丝网性能参数、网框种类，气动绷网机结构，网版表面粗化方法，感光胶涂布工艺。掌握选择单色网目调丝网和网框，调试绷网张力，粗化网版表面，确定刮涂感光胶次数、速度、压力、角度、操作自动涂胶机的技能。

2.1 准备绷网

2.1.1 选择单色网目调印刷用的丝网和网框

❖学习目标❖

了解丝网的性能参数，掌握选择单色网目调印刷用丝网和网框的技能。

❖操作步骤❖

（1）选择丝网

①选网材。选涤纶丝网稳定性好。

②选纺织形式。以单丝平织网为好。

③选颜色。橘黄色丝网曝光可消除光晕，减少墨膜毛刺。

④选厚度。以中等厚度（瑞士规格 M 型）或薄型（瑞士规格 S 型）为宜。

⑤选目数。可将制版用网屏的线数乘以 5 以上系数。

⑥选尺寸。4 边大于网框 20mm 为好。

（2）选择网框

①选框材。方形或长方形中空截面的铝框。

②选尺寸。根据原稿图案尺寸决定网框的大小，应留出天头地脚和左右空网尺寸。图 2－1、图 2－2 表示的是图案与网框内径的关系。

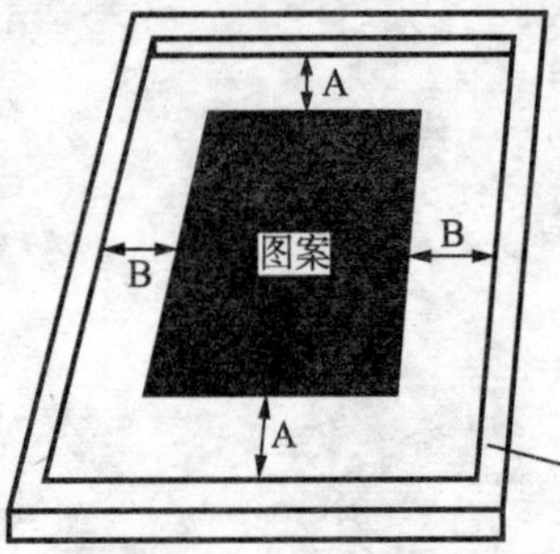

A = 100~150mm；B = 100~120mm

图2－1　手工印版网框尺寸

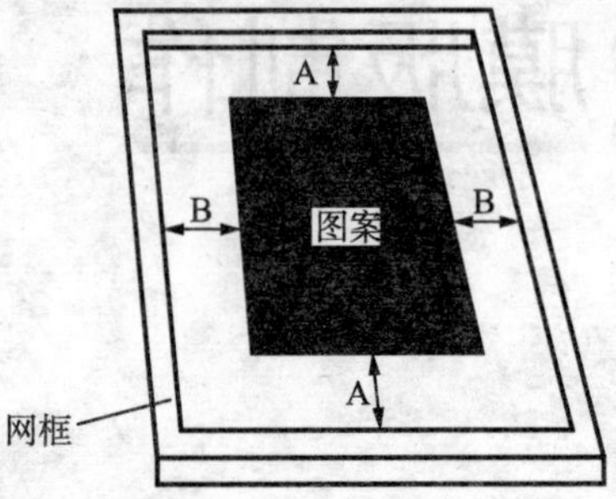

A>150mm；B>120mm

图2－2　机械印版网框尺寸

❖相关知识❖

丝网的性能参数。

（1）丝网目数

丝网目数指的是每厘米或每英寸丝网所具有的网孔数目。实际上世界各国的生产厂家均是以长度为单位计算丝网目数的。丝网产品规格中用以表达目数的单位是孔/厘米或目/厘米。使用英制计量单位的国家和地区，以孔/英寸或目/英寸来表达丝网目数。我国采用公制目/厘米，目数一般可以说明丝网的丝与丝之间的疏密程度。目数越高网丝越密，网孔越小。反之，目数越低丝网越稀疏，网孔越大，如150目/英寸，即1英寸内有150根网丝。网孔越小，油墨通过性越差，网孔越大，油墨通过性就越好。在选用丝网时可根据承印物的精度要求，选择不同目数的丝网。

公、英制可互相换算。1英寸＝2.54厘米，一般按下列计算式计算：

目/厘米×2.54≈目/英寸

目/英寸÷2.54≈目/厘米

例：104目/厘米×2.54≈260目/英寸

250目/英寸÷2.54≈100目/厘米

（2）网丝直径

网丝直径通常用微米（μm）来表示，当选用一定目数的丝网之后还需选择合适的网丝直径。

网丝直径越小，相对的丝网开孔面积则越大，因而更适合细微层次的复制。

网丝越细，对腐蚀性清洗剂的抗蚀性就越差，在印刷期间，对油墨及刮墨板的耐磨性能也就越差。

网丝直径大会减少开孔面积，使细线条和小网点的复制较为困难。

网丝直径大对提高网版的耐印力有利，尤其在陶瓷行业由于陶瓷印料中的颜料具有腐蚀作用，因而粗网比细网耐用得多。

（3）丝网厚度

丝网厚度指丝网表面与底面之间的距离。一般丝网厚度可用 $\delta_t<(1.8\sim2)D$ 表示。δ_t 为丝网厚度，D为网丝的直径。一般以毫米（mm）或微米（μm）计量。厚度应是丝网在

无张力状态下静置时的测定值。厚度主要由构成丝网的网丝的直径决定，丝网过墨量与线径、目数、厚度、口径有关，如图 2－3 所示。

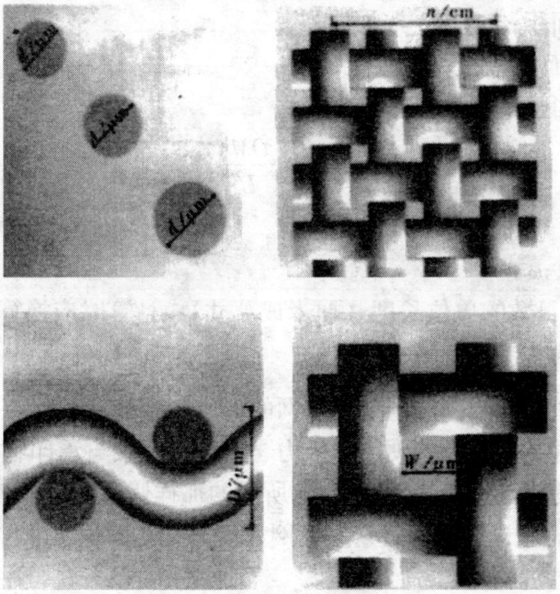

120线/英寸丝网的有关数据

线直径	网布计数	厚度	口径
31μm	31μm120线/英寸	31μm50μm	31μm49μm
34μm	34μm120线/英寸	34μm56μm	34μm44μm
40μm	40μm120线/英寸	40μm64μm	40μm37μm

图 2－3　丝网尺寸示意图

（4）丝网的开度

丝网的开度是用来描述丝网孔宽、孔径、网孔大小的重要参数。丝网的开度对于丝网印刷品图案、文字的精细程度影响很大。开度实际表示的是网孔的宽度，用网的经纬两线围成的网孔面积的平方根来表示（通常以微米为单位 1μm＝1/1000mm）。如果丝网网孔为正方形，则开度即为网孔的边长（见图 2－4）。

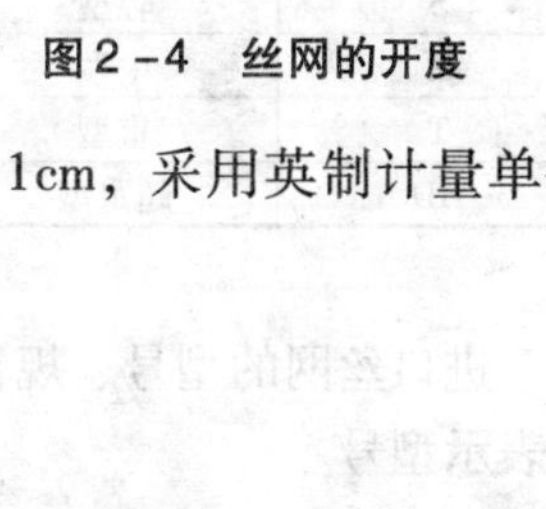

图 2－4　丝网的开度

开度可以用下式计算：

$$O=\sqrt{A}=\sqrt{ab}\text{或}\ O=\frac{L}{M}d$$

式中　O——开度，μm；

A——网孔面积；

a、b——网孔相邻两边的宽度；

L——计量丝网目数的单位长度，采用公制计量单位的为 1cm，采用英制计量单位的为 1in，1in＝2.54cm；

M——丝网目数；

d——丝网的丝径。

（5）丝网开口率

丝网开口率亦称丝网通孔率、有效筛滤面积、网孔面积百分率等，即丝网的单位面积内网孔面积所占的百分率。根据图 2－4 所示，开口率可以用下式计算：

$$开口率 = \frac{a \times b}{C \times D} \times 100\% = \frac{a \times b}{(a+b)(b+d)} \times 100\%$$

式中　$a \times b$——网孔面积；

$C \times D$——丝网面积；

d——丝网的丝径。

或

$$开口 = \frac{(OM)^2}{L^2}$$

式中　O——丝网开度（孔宽）；

M——丝网目数；

L——计量丝网目数的单位长度（厘米或英寸），计算时应换算为公制单位。

(6) 丝网的过墨量

在实际印刷中，通过丝网的油墨量受丝网的材质、性能、规格、油墨的黏度、颜料及其他成分、承印物的种类、刮板的硬度、压力、速度以及版与承印物的间隙等多种条件限制，因此并没有确定的标准。一般把图 2－5 所示的那样假设的一个透过体积叫作过墨量，过墨量图形如图 2－6。理论油墨通过量 = 丝网厚度 × 网孔面积率 × 10000cm/m²

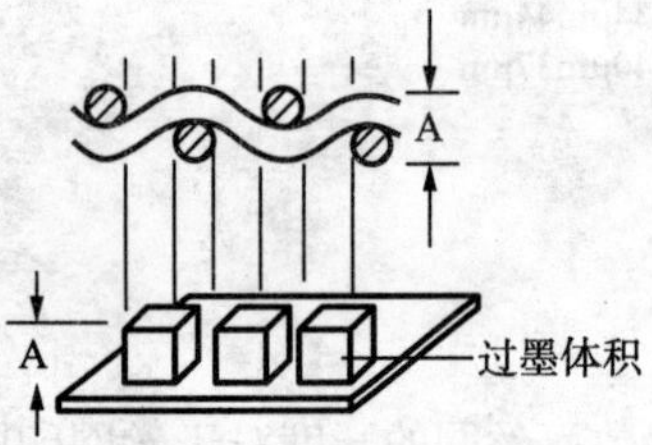

图 2－5　过墨体积模拟图

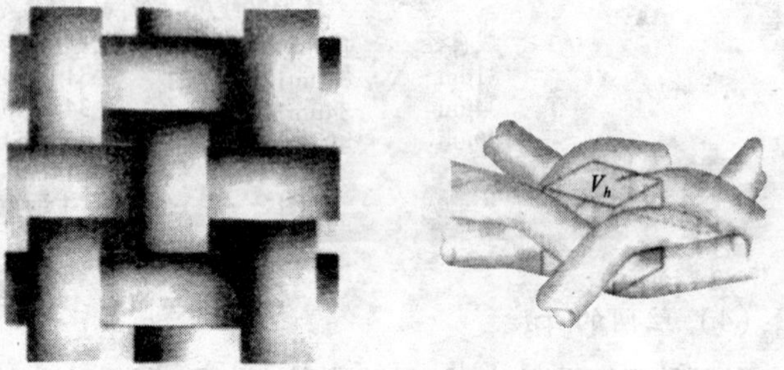

图 2－6　过墨量图形

聚酯丝网和尼龙丝网国际常用代号及特点如表 2－1 所示。

表 2－1　丝网国际常用代号及特点

规格		特点				
代号	名称	丝径	网孔宽度	开孔面积	丝网厚度	强度
SS	超轻型	最细	最大	最大	最薄	最低
S	轻型	较细	较大	较大	较薄	较低
M	中型	中等	中等	中等	中等	中等
T	重型	较粗	较小	较小	较厚	较高
HD	超重型	最粗	最小	最小	最厚	最高

进口丝网的型号、规格标注由两个部分组成：前面的阿拉伯数字表示目数；后面的字母表示型号。

例：77T，表示 77 网目 T 型丝网；90HD，表示 90 网目 HD 型丝网。

不同型号的丝网结构如图 2－7 所示。

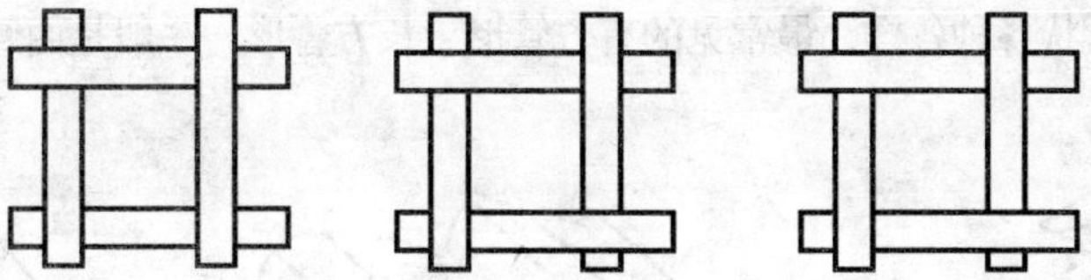

图2－7　不同型号的丝网结构示意图

❖注意事项❖

丝网和网框的选择要根据所印活件的精度、油墨特性、承印物特性、印刷机械精度等多种条件决定，不能一概而论。本节仅以一般情况而言，在实际工作中要灵活掌握。因此，要对丝网和网框的特性有一定的了解。

2.1.2　检验网框变形

❖学习目标❖

了解网框的种类及特性，掌握检验网框变形的技能。

❖操作步骤❖

①检查框臂（条）是否挺直。
②检查框面是否平整。
③检查网框四角是否稳定。

❖相关知识❖

网框是支撑丝网的框架，常用的网框由金属、木质或其他材料制成。分为固定式和可调式两种。最常用的是铝框，各种网框各具特性，在选择网框时可根据情况选用不同材质的网框。制作网框的材料应满足绷网张力的需要，坚固、耐用、轻便、价廉，在温湿度变化较大的情况下，其性能应保持稳定，并应具有一定的耐水、耐溶剂、耐化学药品、耐酸、碱等性能。

（1）木质网框

木质网框具有制作简单、重量轻、操作方便、价格低、绷网简单等特点。这种网框适用于手工印刷。但木质网框耐溶剂、耐水性较差，水浸后容易变形，影响印刷质量。在木框上可涂一层双组分清漆保持不受水分影响。木制网框在手工印刷中使用还是相当广泛的。

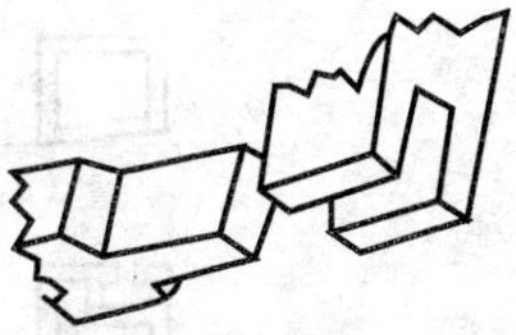

图2－8　卯榫胶接

木质网框一般为正方形、长方形、四角连接方式多种，如卯榫胶接（见图2－8）、45°斜角钉接（见图2－9）、直角靠背钉接（见图2－10）、双层条料钉接（见图2－11）等。

（2）中空铝框

中空铝合金型材网框和铸铝成型网框，具有操作轻便、强度高、不易变形、不易生锈、便于加工、耐溶剂和耐水性强、美观等特点，适用于机械印刷及手工印刷。

铝合金网框的形状各种各样，最常见的有方管形、长方管形，一般是由管状物焊接而成的。

图2-9　45°斜角钉接

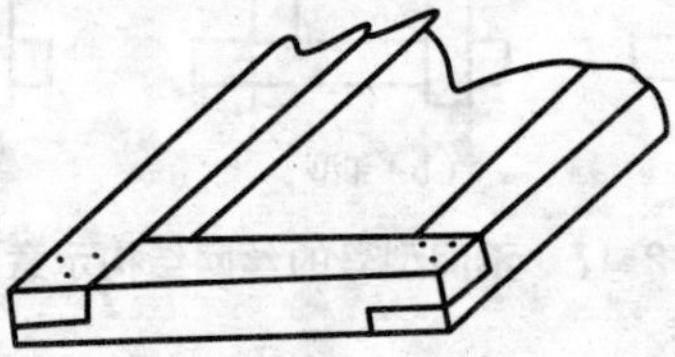

图2-10　直角靠背钉接

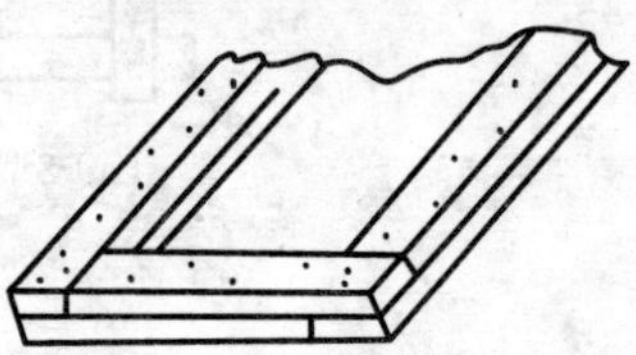

图2-11　双层条料钉接

（3）钢、铁网框

钢、铁材料的网框，抗拉强度大、不变形、套合精度高，缺点是重量大、容易生锈、操作不方便，现仍应用于纺织业。

（4）新颖自绷网框

新颖自绷网框是近年来出现的新结构网框，在国外为了配合全自动化网印机械使用而研制成的，材质用合金铝和钢材制作，加工复杂、成本高。其特点是不用绷网机，将网布固定在框上，然后分别转动四框边的螺丝螺杆，就可以将网绷紧。在印刷中发现套印不准或产生误差时，可随时调整丝网张力，不必重新制版，如图2-12所示。

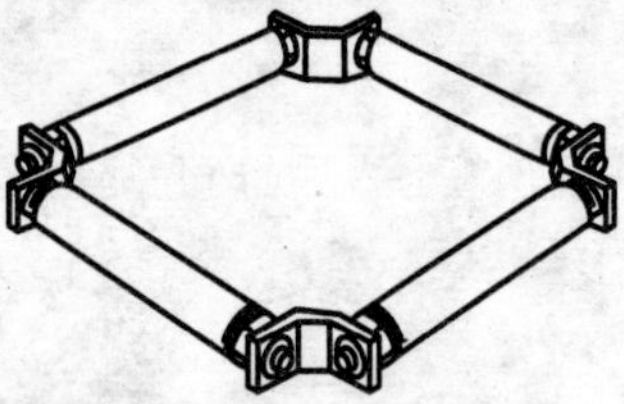

图2-12　自绷网框

网版印刷所使用的金属网框，在保证强度和尺寸的前提下，为节约材料，减轻重量，均采用薄壁结构，其常见网框断面类型如图2-13所示。

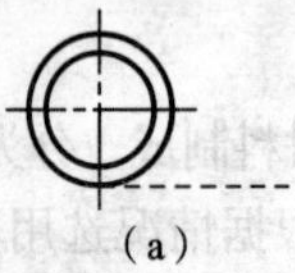

（a）

标准厚壁管型材，除自绷网框使用或大幅面组合印花网框使用之外，很少采用。

（b）

标准薄壁矩形型材，应用最广泛，已几乎遍及各个专业。

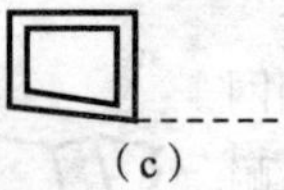

（c）

为薄壁矩形变态型材，俗称梯形断面，改善了绷网及黏结条件；对由于绷网的偏心张力造成框架的挠曲变形、从而引起的网版版面的不平，能起一定的补偿作用。

（d）

特殊组合断面薄壁型材，断面上的凹槽有利于自绷网、框架吊架、安装定位装置和手柄等操作。多用于小幅面框架及跑版操作条件。

（e）

断面加强型薄壁型材，广泛用于大幅面网框，具备较大的抗弯曲能力。

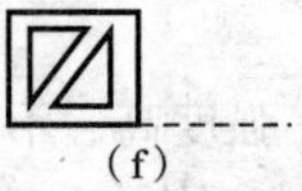

（f）

断面加强改进型薄壁型材，除具备较大的抗弯曲能力之外，综合抗扭曲能力也有所加强。

图2-13　网框断面

❖注意事项❖

网框变形除与网框本身特性结构有关外，还与绷网张力大小、绷网方法有关，因此出现网框变形应该查找原因。

2.2　绷网

2.2.1　调试气动绷网机

❖学习目标❖

了解气动绷网机的结构和原理，掌握调试气动绷网机的技能。

❖操作步骤❖

(1) 清洁网框表面与涂胶

框面的清洁工作应在涂布粘网胶前进行，在表面粗化后的框面用适当的溶剂（如乙醇、丙酮及精炼汽油等）或洗涤剂将框面的灰尘和油脂彻底洗除，干燥后即可涂粘网胶（最好用双组分胶）。

(2) 裁取丝网

裁切边应平行于丝网的经、纬丝线。为此，手撕比剪裁为好。

(3) 配网夹

根据网框的尺寸，配置和选定网夹的尺寸及个数，视绷网机设计尺寸及型号而定。即每边组合的网夹总长度应短于网框的内边长约10cm。布置网夹时，两相对边上的网夹数量、长短及位置都应对称；网框每边的两端（即角部）各留空5cm，可避免拉网时角部撕裂的危险；网夹端间的空隙以小为好；调整钳口螺钉，使网夹的夹紧力最大。

(4) 夹网

将丝网夹入网夹内，应十分仔细，使丝网的经、纬丝线与网夹边保持平行，并尽可能挺直，切忌斜拉网。

(5) 初拉

仅拉伸至额定张力的60%的拉网称初拉。丝网因编织的特性，要求拉伸时慢慢给力，以利于网孔形状的调整和张力松弛的加速，同时也可防止一下拉紧到高张力时发生破网的危险，因此采取分步拉网或增量拉网方法。送气拉网的操作如下：

①调整空压机的气压值，应大于拉网气压值的30%左右。

②打开空压机气阀及气源控制器气阀。

③调节气源控制器上的压力表至初拉压力值。

④打开二位三通手控阀，压缩空气通过分配器至各气缸，推动活塞，完成初拉动作。

初拉时，应仔细检查网的经、纬线情况，若发现与网夹不平行，应松下丝网，重夹重拉。

（6）初拉后

初拉后约10min，使初拉张力下的丝网尽量松弛。

（7）重拉

提高气压至额定值，同时用张力计测量张力值，每隔5～10min对损失的张力补偿一次。气动绷网会自动补偿，其他绷网则须人工补给，即反复拉紧，直至张力稳定在额定值为止。一般需反复拉紧三次以上。

（8）固网

往黏合面上喷或刷粘网胶的活性溶剂，随即用棉纱擦压网框的黏合处，当整个粘网面上呈现较深而均匀的颜色，黏结才算充分。如果出现浅色区，表示该区涂胶不足，应予补涂；或是框面与网接触不良，可用压铁加压丝网，接触充分后再进行黏合。俟黏合部分的胶彻底干燥后，关闭二位三通阀，切断气源，拉网器进气口与大气连通，活塞靠弹簧复位，即可松开网夹取下网版。

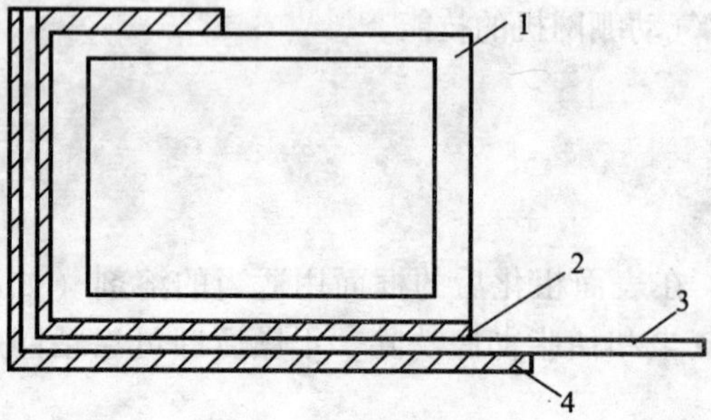

图2－14　黏合方法

1—网框；2—黏合剂；3—丝网；4—水溶性胶带

（9）整边

裁去多余的丝网、包边、标注以及用胶带或加涂涂料（离内框1～2cm）保护黏合部分不受有害溶剂的侵蚀，如图2－14所示。

❖相关知识❖

气动绷网机的结构和原理。

在现行工艺中常用的机械气动绷网机有两种方式。

（1）气动框夹式

如图2－15所示，这是一种自动控制，气压和机械混合式的绷网装置，由台架、网夹槽板、网夹、网框顶升机构及控制机构等组成。由结构完全相同的四块网夹槽板，拼合成绷网框架台面；各框架面有网夹导轨，网夹可沿导轨移动；网夹由手工开合，有夹紧自锁机构。因为框架组合成的幅面可以调节，每边槽板上网夹数目也是可变的，每一单位夹长15～20cm。工作时，同样先放置网框，后铺平网布，然后从四边夹住网布，最后开启气路，各槽板均由各自的一对气缸牵引，向外平移，从而拉住网布，向四边拉伸，以达到所需张力；稍停3～5min，垂直支撑网框的气缸，同时将网框水平顶起，托起网布，一般高出1～3cm，停3～5min，以改善绷网效果。拉伸网布时，往往分段施力，效果更好，即开始拉伸网布时，达到张力60%时，稍停3～5min，接着继续施力，甚至要停、拉多次达到所需张力后，再涂胶、干固、割网。如果在绷网粘胶之前，预先对网框适当进行应力处理，就更理想了。此装置设计合理，工作可靠，绷网质量高，张力均匀，可用于绷高精度要求的网版，用者日益增多。

图 2－15　混合式自动绷网机

（2）全气动式

如图 2－16 所示，为日本 NBC 公司最新推出的一种绷网装置，有两个突出特点：一是除用气动拉伸网布之外，网夹夹紧网布的动作也是气动；二是夹持网布的网夹，除四边均匀分布之外，四个对角皆有特殊的网夹，工作时沿对角线方向背向向外拉伸。从而使夹网和拉网的步调一致，力量协调，四边和四角同时拉伸，改善了网面的受力情况和变形条件，提高了绷网精度，防止网面撕裂。所以设计合理，自动程控，工作可靠，操作方便，是高质高效的绷网装置。

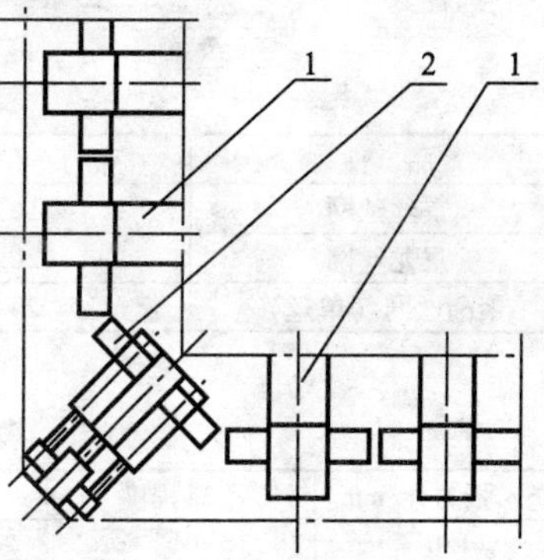

图 2－16　气动全幅绷网机

1—直边夹网器；2—四角夹网器

❖注意事项❖

①绷网前剪取丝网时不要用剪刀剪而要用手撕，以保证经纬线垂直。

②绷网过程中，为使丝网得到均匀一致的张力要经常测量张力值。

2.2.2　调整绷网张力

❖学习目标❖

通过学习了解绷网张力的调整方法，掌握调整绷网张力的技能。

❖操作步骤❖

（1）手工绷网

张力确定主要凭经验而定。

①一边将丝网拉伸。

②一边用手指弹压丝网。

③判断。感觉到丝网有一定弹性即可。

（2）使用绷网机绷网

由于绷网机夹头的移动（松紧调试）是通过气压表来控制实现的，所以不同材质的丝网，其绷网的气压值不同。

①调整绢网的绷网气压值 7～9kg/cm^2。

②调整尼龙丝网的绷网气压值 8～10kg/cm^2。

③调整涤纶丝网的绷网气压值 8～10kg/cm^2。

④调整不锈钢丝网的绷网气压值 10～13kg/cm^2。

❖相关知识❖

绷网张力的调整方法：

表2－2为绷网“牛顿”张力标准。表2－3为绷网“毫米”张力标准。表2－4为“牛顿”和“毫米”张力计的对比实验数据。这套实验数据是在操作中实测得来，并未经过理论计算，也无换算公式，仅供操作参考。

表2－2　绷网“牛顿”张力标准

品　种	张力/（N·cm^{-1}）	品　种	张力/（N·cm^{-1}）
蚕丝丝网	16～24	聚酯丝网（多线）	16～24
尼龙丝网	20～28	聚酯丝网（单线/多线）	16～24
聚酯丝网（单丝）	24～32	不锈钢丝网	28～32

表2－3　绷网“毫米”张力标准

毫米张力计/mm	手感程度	选用	毫米张力计/mm	手感程度	选用
1.0	很紧	很好	2.0	松	特殊承印物
1.5	紧	好	2.5	很松	不选用

表2－4　“牛顿”和“毫米”张力计的对比实验数据

牛顿张力计/（N·cm^{-1}）	6.5	8	12	13	14	15	16	17
毫米张力计/mm	3.20	2.30	2.00	1.85	1.80	1.65	1.50	1.45

❖注意事项❖

绷网张力控制是保证制版质量的关键。绷网时要注意两点：

①张力要均匀，使每根网丝在相反方向上承受相等的张力。在任何一个方向上不平衡都会导致张力不稳定，不均匀。

②丝网方向要一致，每根网丝在经、纬方向上必须保持直线性，而且互相垂直。施力方向与网丝成一角度，就会破坏丝网方向的一致性。

2.3　准备涂布感光胶

2.3.1　粗化处理网版表面

❖学习目标❖

了解网版粗化处理的方法，掌握粗化处理网版表面的技能。

❖操作步骤❖

新网磨粗步骤：

①搅拌或摇匀磨网膏。

②用水冲净网版。

③挤出适量磨网膏于丝网表面。

④用刷子在丝网两面转圈刷涂。

⑤清水冲净网面。

⑥置干燥箱中干燥（40℃、15min 左右）。

❖相关知识❖

网版表面粗化处理的方法：

除真丝网和金属网以外，其他新网在涂感光胶以前都要进行磨粗处理，使网纱纤维粗糙，增加黏附面积。

常用金刚砂（碳化硅）或磨网膏刷磨网面。

❖注意事项❖

①采用磨网物质时，微粒细度需在 18～20μm，能足够穿过极小的网孔。

②为了干燥快，可擦一遍乙醇，但需注意不可擦到网框上。

2.3.2　根据印刷要求确定感光胶刮涂次数

❖学习目标❖

了解感光胶膜厚度与刮涂次数的关系，根据印刷要求，掌握确定感光胶刮涂次数的技能。

❖操作步骤❖

（1）根据印刷活件的要求确定胶层厚度

例如，四色网点印版要求厚度达到 5μm 左右，需 3～4 个行程，而标牌印刷则应达到 10μm 左右（一次涂布感光胶的厚度在完全干燥状态后为 1.2～1.6μm）。

（2）根据胶液的黏度确定刮胶次数

感光胶黏度大可少刮几次，黏度小可以多刮几次。

❖相关知识❖

（1）感光胶膜厚度与刮胶次数的关系

刮胶次数是根据膜版厚度而定，为使膜面平整，采取刮涂与干燥交替进行的涂布方法。刮胶次数与膜版厚度成正比关系，刮胶次数多版面膜层就厚。手工刮涂一般 3～5 个行程（往返刮一次为一个行程），干后膜层可达 5μm 的厚度，版面会出现光泽且比较平整。

（2）感光胶膜厚度与印刷效果的关系

印版的感光膜层的厚度与印刷活件精度有密切关系。根据经验，印刷面膜厚度为丝网厚度的10%～20%。膜层太厚印刷品密度增大、分辨率降低，浅色区域印刷不出来，高密度网目区模糊不清。膜层太薄表面不光滑，即使无湿膨胀，线条边缘印迹毛刺也大，图文层次模糊（如图2－17所示）。

(a)涂层太薄

（b）涂层适当

图2－17　感光涂层状况

❖注意事项❖

通常印刷面上的乳剂层略厚一些。

2.4　涂布感光胶

2.4.1　设定感光胶刮涂速度、压力和角度

❖学习目标❖

了解感光胶涂布的基本方法，根据业务活件掌握设定感光胶的刮涂速度、角度、压力参数的技能。

❖操作步骤❖

①根据原稿和业务单要求，设定墨层厚度。

②在胶液黏度一定情况下，刮胶速度越快，压力越大，胶液膜层就越薄。

③在黏度、速度、压力都不变的情况下，刮胶角度越大（刮胶斗刮胶边与丝网版面之间的角度，最大为90°）胶液膜层越薄，反之，角度越小膜层就越厚，如图2－18所示。

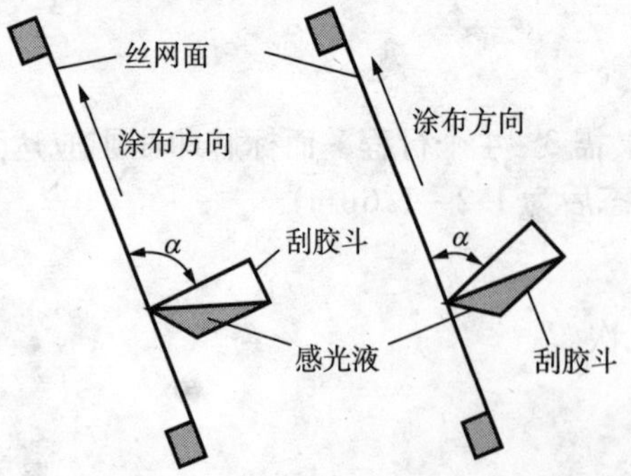

（a）α>90°　不佳　　（b）α<90°　好

图2－18　刮胶斗与网版的角度

❖相关知识❖

感光胶涂布工艺。

(1) 选取刮胶斗

手工涂布感光胶是采用刮胶斗进行的，因此，选择好胶斗对于胶层的均匀、厚薄的控制是非常重要的。

①刮胶斗要求采用刮胶边平直、光滑的胶斗槽；侧面是弧面（可在刮胶时调节刮胶厚薄）的不锈钢刮斗。

②刮胶斗尺寸要与网版及图文面积相适应。为便于操作和节省胶液，可按下列方法确定：

设：图幅面积 = a × b（a 为短边长，b 为长边长）

刮胶面积 =（a + 40）×（b + 60）

则：胶斗长度 = a + 40

（2）手工涂布

在胶斗中加入 2/3 左右的感光液，如果是小版，即用左手持绷好的网框，右手持刮胶斗，与网版成 60° ~ 70°接触，以均匀的速度、适当的压力，自下而上进行涂布（见图 2 – 19）。

（3）连续涂布

自下而上连续涂布两次，接着将网框倒转 180°，同样自下而上连续涂布两次，然后充分干燥。以此作为一个工作过程，要反复进行 3 ~ 5 次。根据丝网的目数不同，会有一些不同的地方。涂布面干燥时，会出现光泽。

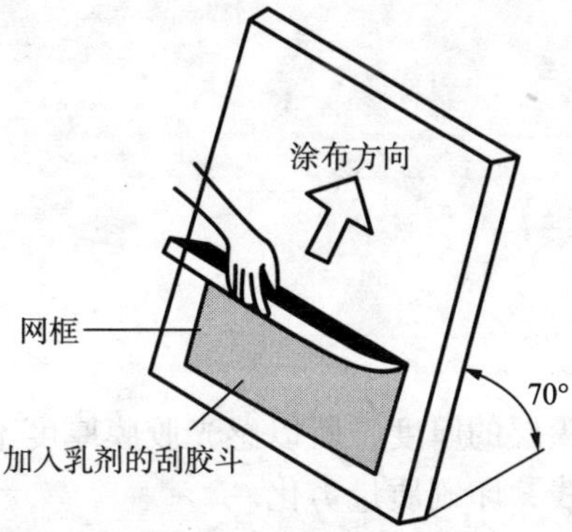

（a）

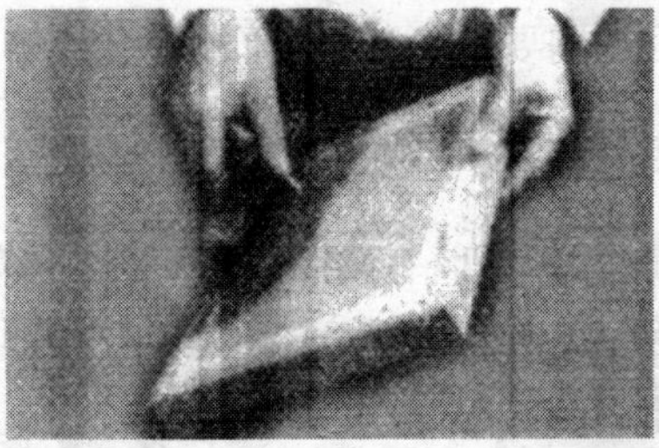

（b）

图 2 – 19　小版手工刮涂感光胶操作

在操作大版时，可用双手持刮胶斗涂布感光液（见图 2 – 20）。

（a）

（b）

图 2 – 20　大版手工刮涂感光胶操作

❖注意事项❖

手工涂布的质量与涂布的操作方法关系很大，操作时要掌握好涂布的速度、角度和压力，保持涂布操作的稳定。

2.4.2　操作自动涂胶机

❖学习目标❖

通过学习，了解感光胶膜厚度一致性和可重复性的意义，掌握操作自动涂胶机涂胶工艺的技能。

❖操作步骤❖

自动涂胶机的操作步骤：

①将网版固定好位置，对齐两面的胶斗。

②设置各涂布参数（包括涂布行程、胶斗倾斜角度、胶膜层厚度、刮胶速度和各面涂布的次数）。

③开机，胶斗上升涂胶，直至终点。

④胶斗离网，下降复位。

⑤根据需要，可反复涂布多次。

❖相关知识❖

感光胶膜厚度一致性和可重复性的意义。

网版感光胶膜的厚度决定了印刷时印刷图文墨层的厚度，所以感光胶膜厚度不一致直接导致印刷图文墨层厚度的不一致，色彩有深有浅，印刷质量劣化。

四色印刷时，4 块网版的感光胶膜厚度要求一致（即重复性）。如果用手工涂布感光胶膜，很难保证 4 块网版的涂层厚度完全一致，导致印刷图文色彩出现偏色。采用涂胶机涂胶才可保证涂胶的重复一致性。若使用胶膜测厚仪，对网版涂布胶膜的厚度、均匀度进行测量，可以做到规范化、数据化生产。

❖注意事项❖

即使是使用自动涂胶机，也必须注意观察机器涂布的情况，发现问题及时处理，避免出现废品。

本章复习题

1. 说出丝网印刷用丝网的品种、型号、规格及表示方法。
2. 在制作单色网目调网印版时，如何选丝网和网框？
3. 叙述气动绷网的工艺流程。
4. 直接绷网法与间接绷网法有什么不同？
5. 绷网中，为什么要拉松三次之后，等 3 ~5min 才涂粘网胶固网？
6. 涂布感光胶应注意哪些问题？

3 印版制作

本章提示

了解晒版机的光源特点，晒版定位方法，曝光时间，冲洗显影的影响因素，坚膜处理的作用方法，网目调印版缺陷修复方法，掌握晒制单色网目调印版，多色线条版定位、曝光、冲洗、坚膜、修复缺陷的技能。

3.1 晒版

3.1.1 晒制单色网目调印版

❖学习目标❖

了解晒版机的光源及特点，掌握晒制单色网目调印版的技能。

❖操作步骤❖

晒制单色网目调印版的步骤：

①打开真空晒版机橡皮布上盖框架。

②把网目调底片正面朝上放在晒版玻璃中央部位上。

③采用三点定位法（长边两点，短边一点），按要求用透明胶纸固定底片。

④如果底片没有带透明灰梯尺，应在图文外6cm处放置。

⑤将烘干的膜版印刷面朝下按定位要求定位。

⑥闭合晒版机（放下橡皮布上盖框架）放置于底片上。

⑦确定曝光量。

⑧打开光源开关。

⑨曝光结束，打开上盖框架。

⑩取出网版。

❖相关知识❖

晒版机的光源及特点。

（1）感光涂层的感光特性

用于印版感光涂层的感光材料均属非银盐体系，与银盐体系相比，它的感光度要低得多，如表 3－1 所示。这些材料的感光区间一般是在 300～400nm 之间。

表 3－1　各种感光材料的照相感光度

感光材料	ASA 感光度	感光材料	ASA 感光度
卤化银——用于高感光度印版	10^2～10^3	感光树脂系	10^{-5}～10^{-2}
卤化银——用于彩色片	10～10^2	感光铬系材料	10^{-6}～10^{-5}
卤化银——用于拷贝印相纸	10^{-3}～10^{-2}	重氮感光纸	10^{-6}～10^{-5}

正因为晒版涂层感光度低，对可见光几乎不感光的特点决定了晒版操作不必在暗室中进行，而可在橙色安全灯下进行。

（2）光源的辐射光谱应与网印感光胶的感光光谱（即分光感度）相匹配

两者的峰值波长尽量一致，以使光源能量的利用率最高。对此，比较感光胶的分光感度曲线（见图 3－1）与光源的光谱能量分布曲线（见图 3－2），就可做出合理的选择。

从图 3－1 可知，340～440nm 波长的光为几种感光胶所共有的主感度光，称它为活性光。对光源来说，只要其辐射的能量主要分布在活性光区域内，即可采用。符合这个条件的光源有炭精灯、氙灯、黑光灯、大功率荧光灯、晒版荧光灯、镝灯、碘镓灯及其他金属卤化物灯等。目前，丝网膜版晒版曝光用的光源主要采用金属卤素灯和高压汞灯，已很少使用脉冲氙灯和碳素弧光灯。

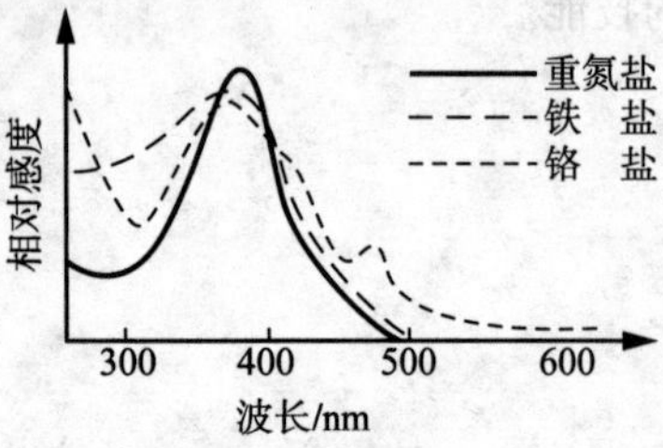

图 3－1　常用感光胶的感光光谱曲线

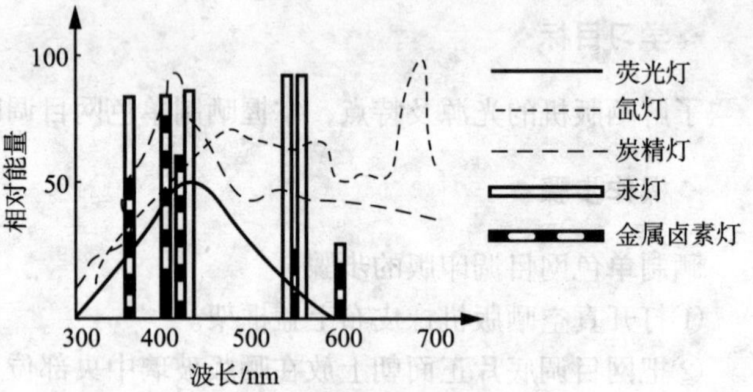

图 3－2　常用晒版灯的光谱能量分布曲线

（3）光源的均匀照射

为了使感光乳剂均匀曝光，网版必须均匀地接受照射。对于点光源来说，曝光光源与网版之间距离将影响曝光性能。一般来说，网版的中间部分 100% 接受曝光，而在网版的边缘曝光强度有所减弱，而且网版面积越大减弱强度越多。另外，当点光源发射到不同网距的网框上时，离光源 1m 的 A 处平面上所接收的光能量与离光源 2m 处的 B 平面所接收的光能量是相等的，但单位面积上 A 平面和 B 平面的光能量照度却是不等的，后者是前者的 1/4。这就是点光源所发出的光按照距离的平方打散，因此单位面积内的光能量按距离增大而逐渐减少，这称为照度的逆平方法则。

由于点光源有上述缺陷，所以应采用“平行光源”，可以达到良好的曝光效果。所谓

“平行光源”是通过曝光机的光源反射罩将点光源漫射型转换成平行光，这样使到达曝光网框内表面的光能均匀。

如果不需要复制精细线条或网目调也可以使用灯管，如果几个灯管平行安装，它们间隔一定不能大于灯管到感光版的距离。

❖注意事项❖

①一般中、小网印厂，多用平行冷光源的晒版机，或自制的晒版箱。晒版中注意光源的色温不同，曝光时间也不同。如紫光灯管为光源的晒版时间为3min。日光灯管为光源的晒版时间为7min左右。

②曝光时间的掌握上，每用到一种新的感光胶，要进行曝光实验，确定最佳的曝光时间。

③晒版中注意版材质地不同，曝光时间也不同。白色丝网曝光时间短，带色的丝网曝光时间长。网布目数高的胶层薄，曝光时间短；网布目数低的胶层厚，曝光时间长。灯距近的曝光时间短，灯距远的曝光时间长。

3.1.2　多色线条版晒版的定位

❖学习目标❖

了解晒版的定位方法，掌握多色线条版定位的技能。

❖操作步骤❖

例举：量测套准法。

（1）第一种方法

①在各网框的四边框面上画出中线坐标。

②将框面上的中线用铅笔轻轻延长到一定长度。

③使底片上的中线坐标与网版上的中线坐标重合套准如图3－3中的1、3及a、c。

④用胶带黏牢。

（2）第二种方法

①在网版上作实际的坐标线。

②再与阳图底片套准，如图3－3中2、4及b、d。

③用胶带黏牢。

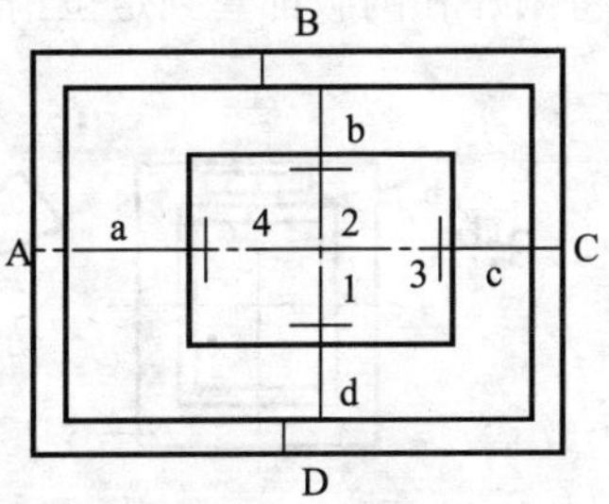

图3－3　分色晒版的定位

❖相关知识❖

晒版的定位方法。

（1）多色底片的定位方法

①规线套准法。

a.“三中线法”。

在图案或文字位置的左、右、上（或下）三方各画出一条直线，其实就是图案或文字位置纵横的“中”线。即图案位置上下间的中线和左右间的中线，这三条中线必须在原稿上事先画好，分色版经照相制出统一的三中线。但要注意，这三中线必须在“成品尺寸”之外，正式印件上是看不到的，因印刷时用“三中线”套准图案，印刷后，裁切成需要尺寸时，三中线就被切掉了。若不用裁切的承印物，印刷时就要将三中线盖住而不能印在承印物上面。

b. “十字线法”。

在图案长的方向的两端，各画上“十”字线，此十字线也要在成品尺寸以外，而在印纸以内，其原理与“三中线法”相同。图案宽的方向不用画十字线，此种方法常用于幅面较小的图案印刷。

②销孔套准法。

能提高套合效率和精度，减轻劳动强度。它也是标准化、系统化的一种套准作业。即原稿与分色阳片进行销孔套合，阳图底版与网版也进行销孔套合。如图3－4中a。

(2) 底片与膜版在晒版机上的定位方法

多色网印的底版和晒版，都要为印刷的套合做好准备，使分色底版上的套准标记落在各网版的相同位置上。否则会给印刷的上版、换版及套印带来麻烦，甚至造成废版。这里介绍两种定位方法：

①量测套准法。预先在各网框的四边框面上刻出中线坐标；当网版建立好感光层后，将框面上的中线，用铅笔轻轻延长到一定长度；使底片上的中线坐标与膜版上的中线坐标重合套准，如图3－3中的1、3及a、c或按规定的晒版位置，在网版上求作实际的坐标线，再与阳片套准，如图中2、4及b、d。套准后用胶带黏牢，即可进行曝光。

②销、孔套准法。先做一块透明的配图版（见图3－4中c）。版上绘出网框尺寸及中线，版的上方及左方打有三个孔，孔内插入三个销子（见图3－4中b），用胶带黏牢，供网版依靠之用。然后用螺钉或环氧胶将销钉片固定在配图版上。分色晒版时，将配图版置于晒版框内，打有定位孔的阳片套到配图版的定位销上，而网版依靠三个销子定位，这样保证了各网版上图位的一致。

另一种作法如图3－5所示，将定位销贴到晒版机玻璃上，网框上装以套合夹。晒版时将阳片和网版都套到定位销上。

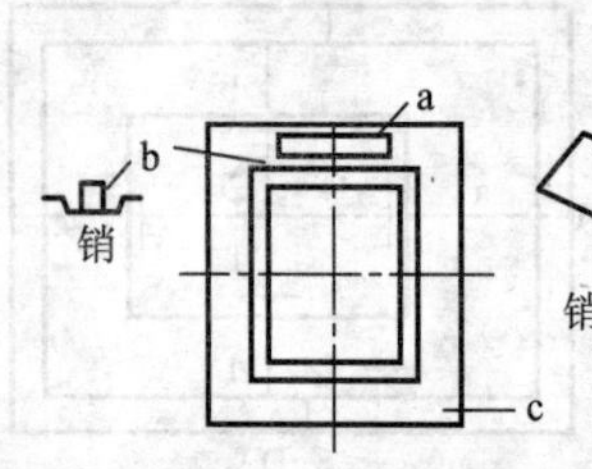

图3－4　装有销的配图版

图3－5　固定有套合夹的网框

❖注意事项❖

定位时底片不能放反，固定的透明胶带纸条面积要小而干净，还要注意量测尺寸要准确。

3.1.3　根据光源设定曝光时间

❖学习目标❖

通过学习，了解曝光时间与光源的关系，掌握根据光源设定曝光时间的技能。

❖操作步骤❖

根据光源设定曝光时间的步骤：
以逐段曝光法为例
①打开晒版机上盖，底片胶膜向上与膜版胶面密合置于晒版机中。
②用黑纸逐段遮盖。
③曝光时间也逐渐增加（时间间隔以10s或20s为宜）。
④显影。
⑤判断。根据各段硬化的程度，选出最佳的硬化段（硬化适当、易于显影、图像清晰），确定相应的曝光时间。

❖相关知识❖

（1）曝光时间与光源的关系

网版印刷晒版所用光源多种多样，有高压水银灯、氙灯、荧光灯以及金属卤素灯等，由于它们的光谱分布特性、发光强度、光源的热辐射能量功率大小以及点燃速度等因素各不相同，因此，晒版时曝光时间肯定是不一样的。其中影响最大的是光谱分布特性和光源功率的大小。

（2）分级曝光法

曝光不足或曝光过度都与掌握时间有密切关系。为此，可将感光版采取分级曝光的方法确定曝光时间。

分级曝光测试法为晒版常用的曝光时间测试法。它是以所计算出来的近似曝光时间为中等曝光时间，然后对同一块网版的各部分进行不同程度的曝光，从而获得最佳曝光时间。

先使网版按曝光时间一半（50%）的时间进行整体曝光，然后用黑纸盖住网版的1/5，再曝光近似曝光时间的25%。接着继续每次在前一次的基础上按近似曝光时间的25%进行曝光，并在每次曝光前比前一次曝光时多盖住网版的1/5。这样，曝光出来的网版就有五个曝光程度不同的区域；冲洗网版，烘干，印出样版；找出最佳的曝光时间；分级曝光测试如图3-6所示。

①第一步：50%轻度曝光。
使整个网版曝光所需时间为50%，即不充分曝光。
②第二步：25%轻度曝光。
用挡板挡住网版的1/5，使未盖住的网版部分曝光所需时间的25%。
③第三步：25%曝光。
移动挡板，挡住网版的2/5，使网版未盖住部分曝光所需时间的25%。

④第四步：25%的过度曝光。

移动挡板，挡住网版的3/5，使网版未盖住部分曝光所需时间的25%。

⑤第五步：25%过度曝光。

移动挡板，挡住网版的4/5，让网版未盖住部分再曝光所需时间的25%。

(a)
(b)
(c)
(d)
(e)

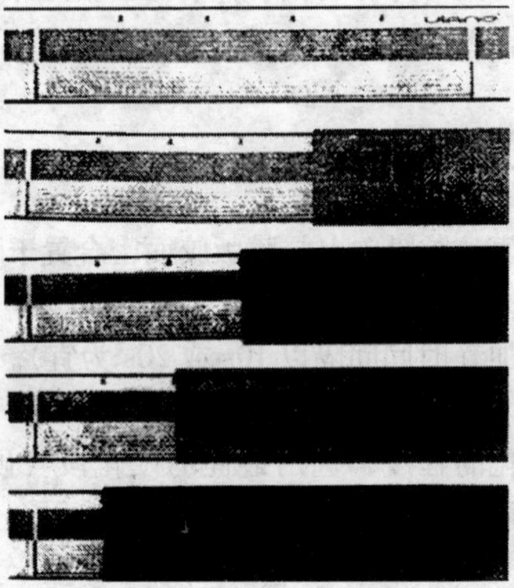

图3-6　分级曝光测试图示

实践证明：在制版中，膜的硬化程度与曝光量成正比。只要曝光时间适当，成像性能好，黏网力就强。因此在制版过程中必须严格控制曝光时间，否则，黏网不良，耐印力下降。

❖注意事项❖

晒版的全部工序中，最重要的是曝光条件，如果曝光条件不好，晒版就会失败。曝光是从量变到质变，产生飞跃的关键工序。晒版是制版过程中至关重要的环节。制版质量的好坏往往取决于光源、感光体表面与光源的距离及曝光时间等因素。

曝光条件要依照乳剂的种类、涂布感光胶的厚度、光源的种类、光源至膜面的距离、曝光时间等决定。为此，应预先进行试晒求出合适的数据，根据数据进行实际作业。

3.2　冲洗显影

3.2.1　冲洗网目调印版

❖学习目标❖

了解冲洗显影的影响因素，掌握冲洗网目调印版的技能。

❖操作步骤❖

冲洗网目调印版的步骤：

①轻轻地将膜版的两面蘸湿，等1~2min后试着冲洗。

②一旦图像软化，用一个扇形低压喷射水流轻轻冲洗，由上至下冲洗印刷面，目的是使水轻轻地流过未曝过光的乳剂，使其溶解掉。扇形喷射水流至少要有60°宽，在距离膜版表面10～15in（25～37cm）处喷洗，水流速度每分钟9～12kg，这样轻缓的水流不至于损坏图像的网点结构。

③再从刮墨面由上至下地冲洗。

④检查膜版如有不透孔的地方，应加大压力冲透。以水压不会损坏膜版为好。

⑤将膜版静置沥水1min。

⑥用白报纸轻轻地吸去膜版上残留的水分。

⑦将膜版放于烘干箱中，以加快膜版干燥。

❖相关知识❖

冲洗显影的影响因素：

显影程度的控制原则是：在显透的前提下，时间越短越好。主要影响水洗显影的因素有以下几点。

（1）显影水温

显影水温若太高，会使硬化的膜层产生膨胀，出现脱落。

（2）显影时间

显影时间过长也会使硬化的膜层产生膨胀，影响其附着牢度。

（3）冲洗水压

冲洗网版水压太急太大，也会影响硬化胶膜的牢度。

（4）版面状况

涂布感光胶时涂布次数较多，又不注意避光操作，再曝光后显影就难以显透。涂布感光胶后干燥不彻底经显影版面易脱落，干燥过度胶膜产生“热敏化”，显影时易显不透，晒版中曝光时间不够胶层硬化不足显影时版面易脱落，曝光时间过长易造成显影困难。

❖注意事项❖

要充分注意控制显影水温（不可高于20℃）和水压。

3.2.2　印版坚膜处理

❖学习目标❖

了解坚膜处理的作用和方法，掌握对印版进行坚膜处理的技能。

❖操作步骤❖

①把膜版印刷面朝上平放在槽中。

②用容器装上坚膜液，以扇面形状将坚膜液浇注在膜版中央，然后将膜版轻轻的晃动，使坚膜液均匀地流布到整个膜版表面进行坚膜。

③水洗：将多余的坚膜残液用清水冲洗干净。

④干燥：将网印版（坚膜后的）放进烘箱中，或自然干燥。

❖相关知识❖

（1）坚膜处理的作用

在印版干燥前或干燥后，为了强化膜版，提高其耐水性及耐溶剂性，需采用坚膜处理。

（2）坚膜处理的方法

①可采取涂布无水稀铬酸液的做法。但从防止公害的角度出发，是不宜使用铬酸系药品的，最近市场上已有毒性比较小的坚膜剂出售。

②合成水溶性高分子物质配制的重氮胶及感光树脂胶，制造厂都配有相应的坚膜液。它们的处理方法基本相同，即将坚膜液涂于膜版的两面，水平放置。待自然干燥后，放入30～40℃烘箱内烘干0.5～1.0h，或自然干燥1天后使用。

❖注意事项❖

涂布坚膜液之前，一定要把版面清理干净。图文表面不能有余胶存在，否则，涂布坚膜液之后版面会产生灰雾。

3.3 修版

❖学习目标❖

了解网目调印版缺陷及修复方法，掌握修复网目调印版缺陷的技能。

❖操作步骤❖

修复网目调印版缺陷的步骤：

（1）观察印版情况

根据晒版的阳图底片对照检查印版。

①版面的检查。

版面检查，看版子四角网点是否均匀，版面是否清洁。如有较严重的不均匀、污点、发黄、灰翳、药水条痕等，均不宜采用。因四角不均匀对色调影响较大；发黄、灰翳等在晒版时要阻止光线的通过，会引起点子不结实和不应有的深浅、白地起脏等弊病。阳图网点要结实，不虚，才能保证晒版和印刷的质量。

更要检查网版角度、版子正反、规格尺寸等。

检查网版角度可以防止度数搞错，减少“龟纹”事故的发生；检查规格特别要注意净尺寸与毛尺寸的区别，避免两者混淆的错误；阳图版直接晒成印版，决不允许尺寸大小不一，要求从严才不致发生套印不准、产品模糊最后仍要补版的情况。

②色调、阶调的检查。

阳图网纹版面的深淡、层次的平崭，主要根据原稿类别、色调气氛，结合各色版的本身特点，并按照在干片修正时色量分配的设想，进行检查。

进行版子的深、淡，平、崭，虚、实检查时，对于较大尺寸的版面应先离台稍远些看，才可从其全貌加以确定，不致“一叶障目，不及其余”。用放大镜鉴别网点大小成数，须按确定的高、中、低三个阶调的深淡，先行检查，然后以此作为各级层次对比的依据。

检查中，对于尚可挽回的、过深的局部，可在照相后用减力液减淡。总之，要照顾总体，力求获得大部分、主要部分色调、层次正确的印版。

③对各色版的一般要求。

黄版：是弱色，多数画面的色彩，需要它组合，一般要求稍平，稍深。

品红版：色相鲜明突出，目前多数尚有淡色辅助，版的深淡、平崭要求适中。

青版：色相明暗适中，也常有淡色配合，一般要求平崭、深淡适中。

黑版：黑版多用作轮廓版，故版要制得崭些，阶调短些；但原稿层次柔和的，则不能过崭，一般的要求是轮廓清楚实在、淡调不满。

淡色版：淡红版、淡蓝版原则上比大红版、大蓝版深。但并不是版面上每一部分都要比深色版深，还是要根据各色版在各色域的要求而定。深色版在高调处安放尖网有困难，淡色版就是要起配合作用，以资弥补。

(2) 准备修复材料

修复材料主要有专用修版液、封网胶、感光胶、胶带纸及修版工具。

(3) 修版

修版过程中要求仔细认真，注意清洁。

❖相关知识❖

网目调印版的主要缺陷和网目调印版缺陷的修复方法。

修版就是对照阳图底片，纠正在晒版中阳图图文转移到印版上所造成的误差。对在晒版中由于设备、技术等诸因素的影响产生的差异，进行修版。在整个图文的四角、暗调、实地部分进行修版除脏，亮调、中间调的网点部分不能修版。

分色版的亮调、中间调网点部位有毛刺砂眼，不能修版，如在印刷版上修版，就会在印刷品的图文相应位置上出现白点印迹。亮调、中间调的毛病有时在多色套印打样中就消失了。

❖注意事项❖

①封孔及修版中，注意图文线条的光洁度和空白部分的脏点，修版胶层厚度要达到密度要求。

②网目调网点部位不能修脏。

本章复习题

1. 晒版机的光源有什么特点？
2. 晒制单色网目调印版的操作步骤是怎样的？
3. 如何进行多色线条版的定位？
4. 如何设定正确的曝光时间？
5. 冲洗网目调印版应注意什么问题？

4 制版质量的检验和控制

本章提示

了解图像阶调的基本知识，底片密度对印版质量的影响，测试丝网参数的方法，感光膜厚度对印版的影响，印版清晰度的影响因素，印版常见的缺陷。掌握用测试条测量底片的加网线数，用放大镜检查底片密度，测量丝网的方法。

4.1 检验底片质量

4.1.1 测量底片加网线数

❖学习目标❖

了解图像阶调的基本知识，掌握用测试条测量底片加网线数的技能。

❖操作步骤❖

用测试条测量底片的加网线数的步骤。

①把制版底片，正面向上放在透明看版台上（如图 4－1 所示）。

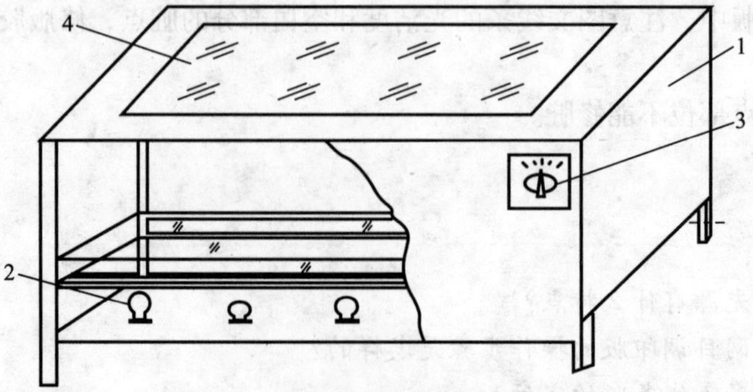

图 4－1　看版台结构示意图

1—机柜；2—乳白灯泡（或灯管）；3—开关；4—毛玻璃

②把测试条覆盖在被测试的加网底片上。

③转动测试条，使测试条放射状直线中心与底片网线出现“双曲线”对称花纹。

④对称的花纹所示的数据，即是底片的加网线数。

❖相关知识❖

（1）测量底片加网线数的测试条

测定检验加网胶片（或丝网）上的网目数，常用两种测试规。

①目数、线数测试规（见图4-2）。

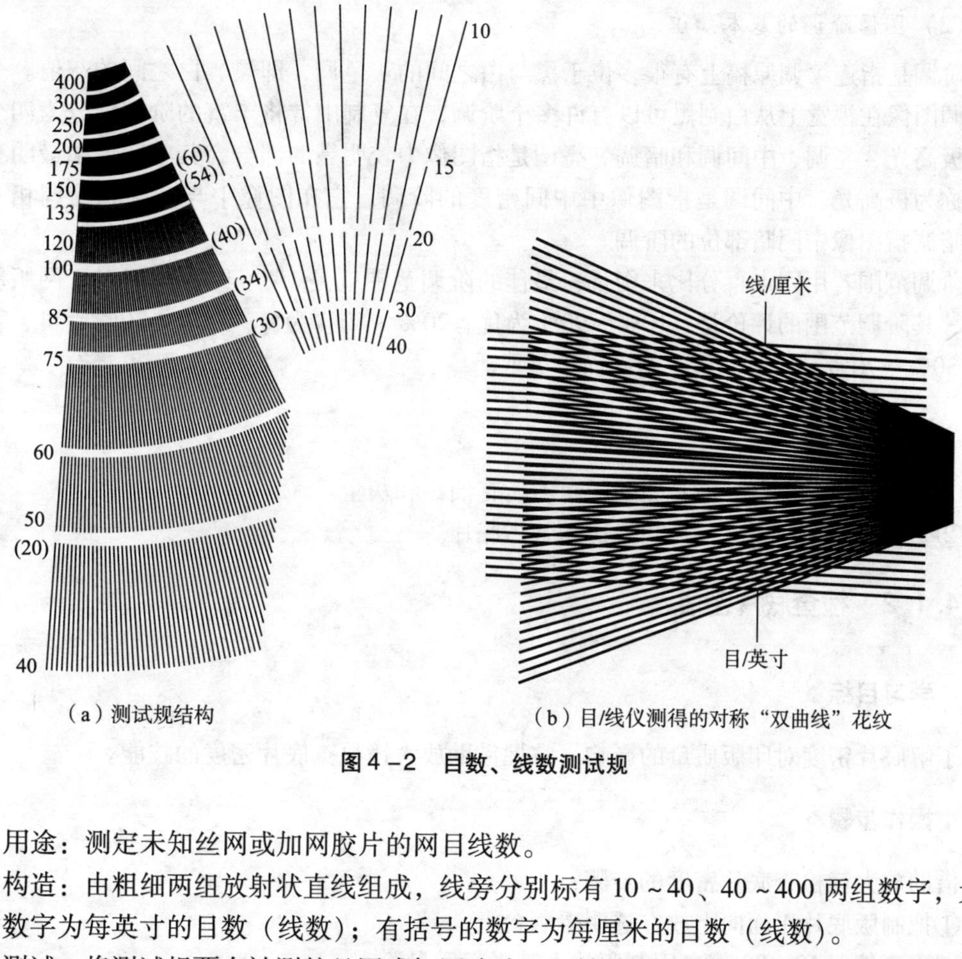

（a）测试规结构　　（b）目/线仪测得的对称“双曲线”花纹

图4-2　目数、线数测试规

用途：测定未知丝网或加网胶片的网目线数。

构造：由粗细两组放射状直线组成，线旁分别标有10~40、40~400两组数字，无括号的数字为每英寸的目数（线数）；有括号的数字为每厘米的目数（线数）。

测试：将测试规覆在被测的丝网或加网胶片上，转动测试规，当放射状直线的中心线与被测线网的某一组网线（或网点的一组点）一致时，则出现明显的“双曲线”对称花纹即莫尔条纹现象，对称的花纹处所指示的数据即是丝网的目数（或加网片的线数），如图4-2（b）所示。

②网线线数量规也是用透明胶片制成的，如图4-3所示。

上面的一排数字是每厘米的线数，下面的一排数字是每英寸的线数。用法是：将此量规放在测定的网线胶片上转动，当出现一组大的对称花纹时，则两花纹中心线所指的数字即为该网线的线数。

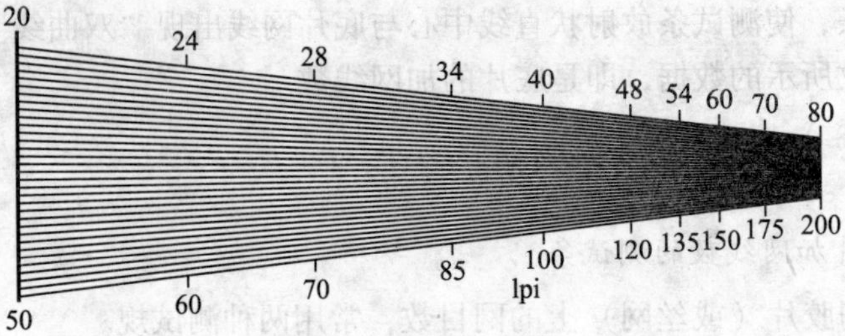

图4-3　网线线数量规

(2) 图像阶调的基本知识

阶调是指连续调原稿上有很多位于黑与白之间的灰色调，即黑、白之间的灰值。一幅连续调图像在视觉上从白到黑可以有许多个阶调，在复制中常将丰富的阶调划分为四个区域：极高光、亮调、中间调和暗调。亮调是指图像中较明亮的部分，其中图像中最明亮的部分称为极高光。中间调是指图像中中间密度的阶调，它在图像中与亮调和暗调相互衔接。暗调指图像中阴暗部位的阶调。

阶调范围若用网点百分比来衡量，最佳的阶调范围应是1%～99%，但对于网版印刷而言，其阶调范围的评价是：10%～90%为优；20%～80%为良；30%～70%尚可；范围小于30%～70%，则阶调层次粗硬而不可取。

❖注意事项❖

①透明检测透视台一定要擦拭干净不能有油污和灰尘。

②要带上白手套测试，不能碰伤和脏污底片。

4.1.2　检查底片密度

❖学习目标❖

了解底片密度对印版质量的影响，掌握借助放大镜检查底片密度的技能。

❖操作步骤❖

借助放大镜检查底片密度的步骤：

①把制版底片正面向上放在透明看版台上。

②用高倍率10～20倍专用制版放大镜进行质量检查。

③查看图文部位黑度有无透光现象。

④查看空白部位透明度高不高。

❖相关知识❖

(1) 密度

密度是用来测量胶片感光后银沉积黑化的程度，因为胶片在曝光时的光量大小不同，使银沉积变黑的程度不同，而使光透过率高低发生变化。由于光量的变化，在人的视觉感受上就产生明暗、深浅和黑白的感觉。所以，密度测量实质上是透过光（反射光）的光量大小的度量，是视觉感受上眼睛对无彩色的白—灰—黑所组成的画面明暗程度的度量。

（2）底片密度对印版质量的影响

制版阳图底片的图案、线画、实地块的黑度（密度 D = 1.7 ~ 1.8）要黑而均匀，且不透光（对着光线看），如果透光，晒版时透光部分会显影不透，影响制版质量。底片透明处密度 D 应为 0.3 以下，若灰雾度过高，晒版时空白部位胶膜硬化不足，影响印版耐印力。

（3）放大镜

放大镜也称扩大镜，是印刷、制版工作者的“眼睛”，是不可缺少的检视工具。放大镜的功能是使图像或物体起扩大效果，也就是通过具有固定焦距（1 ~ 10cm）的凸透镜，使眼睛对物体的视角增大。所以，放大镜的放大倍率公式为：

$$M = \frac{\text{用放大镜时像的视角}}{\text{不用仪器时像的视角}}$$

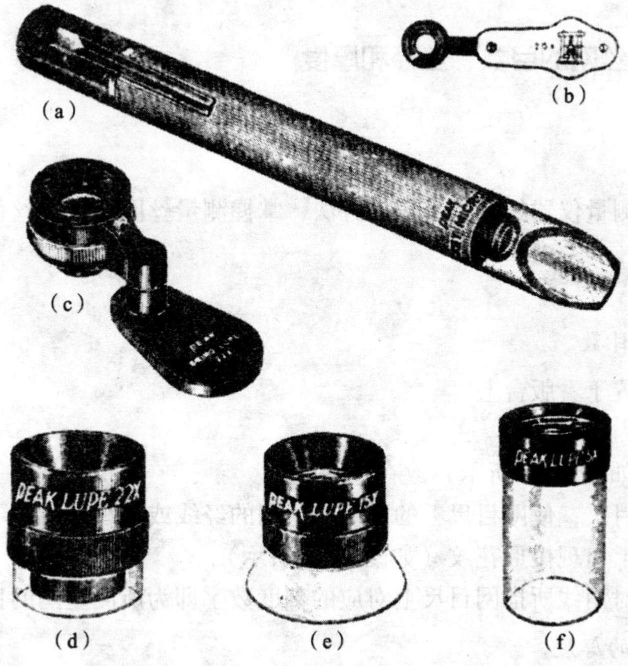

图 4-4　各种放大镜

放大镜的类型因用途而异，如图 4-4 所示：（a）为笔式放大镜，一般为 25 倍、50 ~ 75 倍。50 ~ 75 倍的是观察细网线网点或精密测试条用的，25 倍为观察一般网点用的；（b）为折叠式小型放大镜，一般为 15 ~ 20 倍，照相、修版检查网点较为适用；（c）为台架式放大镜，一般为 15 ~ 22 倍，是放置在修版台上修整网点或修整铜锌版网点用；（d）、（e）为可调式放大镜，22 倍或 15 倍，是观测大面积网点和照相调焦用，10 ~ 15 倍的可用于观视彩色片，并可调整视差；（f）为一般低倍数放大镜，大约为 5 ~ 10 倍，可观察一般

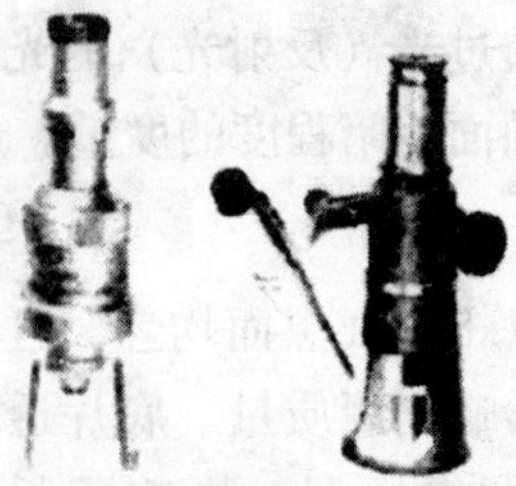
（a）25倍　（b）100倍

图4－5　显微放大镜

粗网线网点。除此之外，还有带光源的笔式放大镜，一般有35～50倍，并可调整视差。这种放大镜能在暗处观察印样或印版。

显微放大镜，即低倍率显微镜，如图4－5所示，是一种精密型的高倍率放大镜，从25、50、75至100倍有多种。100倍的附有光源（电池），便于在暗处观测反射面上的网点或精密测试条。一般观视用倍率以50～60倍为宜，100倍观察一般网点因倍率太高反而不清楚，但搞基础研究、分析网点成像或网点转移还是以100倍显微镜为宜。

❖注意事项❖

放大镜是网印工作者制版、印刷质量检查的常用工具，它是网印工作者的眼睛，一般选用10～15放大倍率放大镜检查图像、文字的质量效果。

4.2　检验制版的相关参数

4.2.1　测量丝网的目数、丝径和厚度

❖学习目标❖

了解丝网参数测量仪器的种类及使用方法，掌握测量丝网目数、丝径和厚度的技能。

❖操作步骤❖

（1）测量丝网目数

①将丝网版放置于看版台上。
②开启看版台内置灯。
③将网目尺（如图4－6所示）放在丝网上。
④慢慢转动网目尺，使网目尺上的竖线与丝网的经线或纬线平行
⑤观察网目尺上出现棱形花纹（如图4－7所示）。
⑥花纹的横向对角线所指网目尺上对应的刻度数字即为所测丝网的目数。

（2）测量丝网的厚度

①将网版印刷面向下放置于看版台上。
②打开看版台内置灯。
③将电子式厚度计放置于丝网上。
④读取显示数值即为丝网厚度。

（3）测量网丝丝径

①将网版印刷面向下放置于看版台面。
②开启看版台内置灯。
③用100倍显微放大镜置于网面测量。

④观察读取网丝宽度读数。

❖相关知识❖

丝网参数测量仪器的种类及使用方法。

（1）丝网目数测量仪器——网目尺

网目尺（经纬线密度测试卡）分玻璃板式和塑料板式两种，其结构如图 4-6 所示，主要用于测量各种丝网的目数。

测量方法是，测量时首先使丝网处在透亮的状态下放在看版台上，将网目尺放在丝网上，然后将网目尺在丝网上慢慢移动，使网目尺上的竖线与丝网的经线或纬线平行，这时由于丝网经纬线和网目尺上竖线产生重叠效果，在网目尺上形成棱形花纹（如图 4-7 所示），花纹的横向对角所指的网目尺上对应的刻度数字，即是所测丝网的目数（英寸或厘米）。

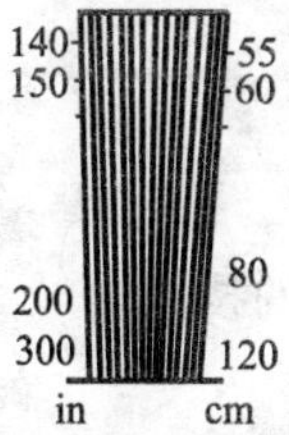

图 4-6　网目尺结构示意图

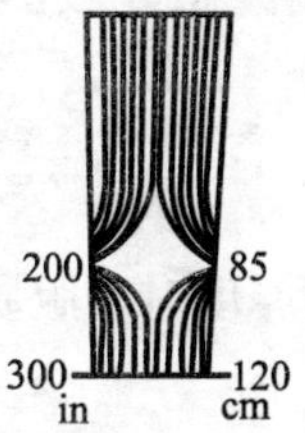

图 4-7　用网目尺测量丝网时经纬线重叠状态

（2）丝网丝径测量仪——显微放大镜

DTS-12A 数码手提型测量仪（见图 4-8）。它是短距测量仪，最小读数为 1μm，最适合测量电子元件及线宽。

（3）丝网厚度测量仪——厚度仪

厚度仪主要用来测定丝网和涂覆感光胶膜层的厚度。

图 4-8　DTS-12A 数码手提型测量仪

①机械式。

机械式厚度计包括手持式和刻度盘式，两者都不适合测网版的厚度，除非从网布上剪下一小块来。然而需要时它们可用于绷网前测网布的厚度，测得的值几乎不受操作的影响，且读数可精确到 1μm。

②磁感式和涡流式。

电子式厚度计（磁感式和涡流式）两者都能用，最适宜的还是磁感式。两种装置都有一个输出端口或一个桌面控制台，通过一根软线与传感器相连，测量结果在一个液晶显示窗上显示。机器上还有一个控制面板，功能不同配置也不同。装置上有一到四个爪和一个金属托盘，把被测物置于传感器于金属盘之间，接通电源，根据磁感应法则，物体厚度变化，探脚和金属盘间的磁场强度会随之变化，这样就可以得到物体的真实厚度。

涡流式则由探头通过交变电流产生涡流，物体的存在影响探头处的电气特性，探头与金属距离的变化，可以测出微米级的厚度。

两种仪表都只能测得丝网或网版材料为非磁体的情况，为了测量，磁感法需要一个磁性金属盘，而涡流式则只需一个非磁性的底座。

电子式厚度计是使用最方便的测量仪器，因为它们可以测任意大小的丝网，而不破坏网的完整性。

③数码测厚仪。

可以在1m网框的中心处测膜厚。可读出0.1μm数值，采用1μm读数的话，信赖度更高。

❖注意事项❖

为保证各种测试用仪器测量数据的准确性（精度），需要注意对其进行维护，例如要保持清洁，避免划痕和碰伤，使用后要擦拭干净，妥善保管。

4.2.2 测量感光膜的厚度

❖学习目标❖

了解感光膜厚度对印版质量的影响，掌握测量感光膜厚度的技能。

❖操作步骤❖

测量感光膜厚度的步骤：

①采用厚度计。

②测试一下绷好网的丝网厚度（H）。

③再测试一下涂好感光胶膜的丝网厚度（P），如图4-9所示。

④计算版膜厚度（F）=P-H，如图4-10所示。

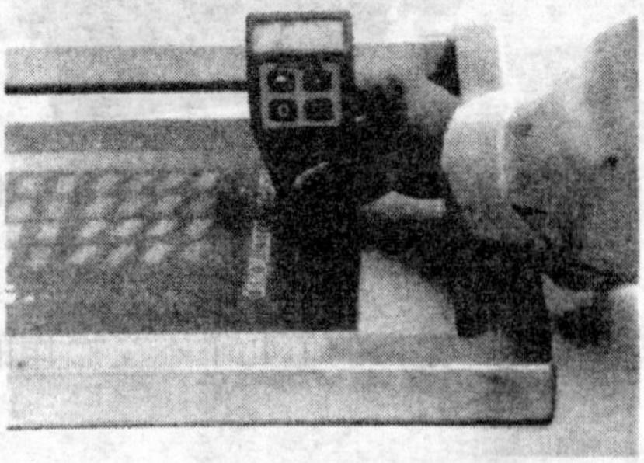

图4-9 厚度计测试

图4-10 厚度测试

F—版膜的厚度；P—版的厚度；H—丝网的厚度

❖相关知识❖

感光膜厚度对印版的影响。

①当丝网的开孔印刷线条的宽条超过1.5mm时，刮墨板用力压向承印材料，厚膜版将会在印刷图像的边缘产生较厚的墨层（见图4-11）。

②膜版的厚度严重地影响到网目调图像印刷的油墨层。网点分布于整个印刷区域上的

丝网。膜版越厚，印刷油墨层就越厚（见图 4－12）。

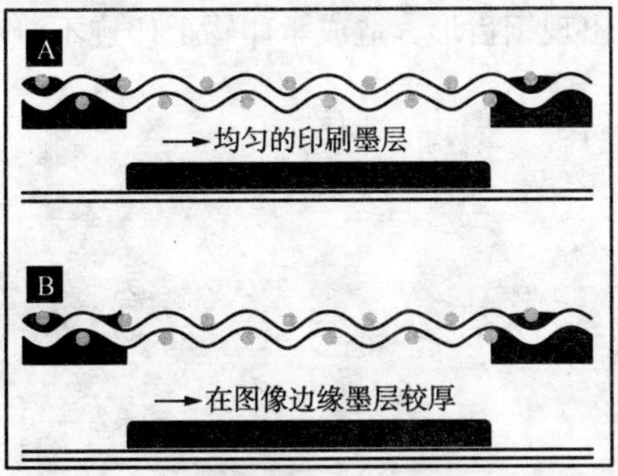

图 4－11　膜版厚度对油墨层的影响

A—正确的膜层；B—膜层过厚

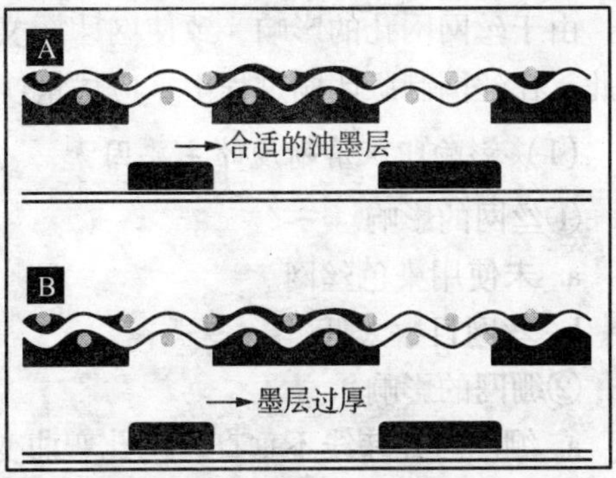

图 4－12　膜版厚度对网目调印刷的影响

A—正确的膜版；B—膜层过厚

③浅色区域印不出来，密度高的网目区域模糊不清。

④由于墨层较厚，彩色复制不准确。

⑤涂层厚度对印刷清晰度的影响。

在曝光显影良好的情况下，感光胶膜厚比膜薄的印迹锯齿小。

⑥膜版过厚对曝光时间的影响。

曝光时间与感光胶涂布厚度成正比，通常感光胶层越厚曝光时间越长。

❖注意事项❖

感光胶层的厚度决定了网版印刷质量，一般胶层厚度控制在≥5μm 以下，网目调印版胶层厚度在 3～4μm。胶层厚度超过 5μm 以上，油墨流动不畅，生成丝网痕迹，造成印刷墨层质量差的毛病。

4.3　检验印版质量

4.3.1　借助放大镜检验图形边缘的清晰度

❖学习目标❖

了解影响印版清晰度的因素，掌握借助放大镜检验边缘清晰度的技能。

❖操作步骤❖

借助放大镜检验印版图文边缘清晰度的步骤。

①将印版印刷面朝上放置于看版台上。

②打开看版台内置灯。

③将 15 倍左右放大镜轻轻放置于网版上。

④观察线条、网点的边缘光洁程度。

❖相关知识❖

由于丝网网孔的影响，致使网印图文边缘会出现锯齿形，造成承印物上印迹不清晰。因此，在丝网制版印刷过程中，应尽量使“锯齿”变小。

（1）影响印版清晰度的主要因素

①丝网的影响。

a. 未使用染色丝网。

b. 丝网目数太低。

②绷网的影响。

a. 绷网时经纬线不垂直，网孔弯曲变形。

b. 绷网角度不当。

c. 绷网方式不当（应用间接法）。

③涂布感光胶的影响。

a. 感光胶配比不当或搅拌不均匀。

b. 涂布感光胶时，油墨面涂胶太厚印刷面太薄。

c. 涂层厚度对印刷清晰度的影响，如图 4 – 13 所示。在曝光显影良好的情况下，感光胶膜厚的比膜薄的锯齿小。

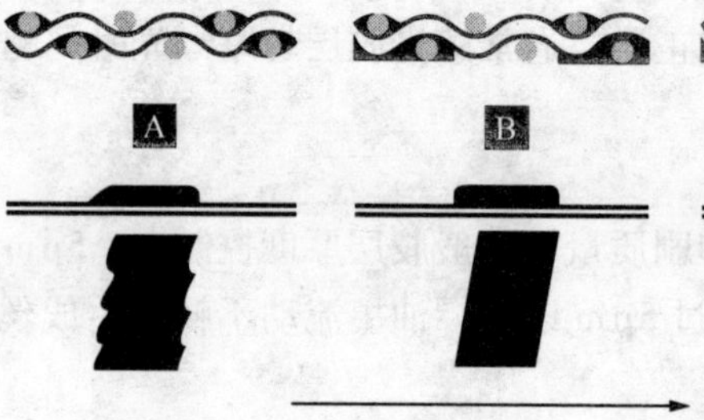

图 4 – 13　涂层厚度对印刷清晰度的影响

A—膜版过薄→锯齿效应；B—合适的膜版→清晰的印刷品；C—膜版过厚→不清晰的印刷品

d. 感光胶涂布不均匀，即网版平整度差。

e. 感光胶解像力不高。

④晒版的影响。

a. 底片图像边缘质量和密度均差。

b. 膜版与底片密合不好。

c. 膜版曝光不正确。

d. 曝光光源选择不当或灯距等调整不当，造成侧壁腐蚀。

e. 膜版冲洗显影不好。

（2）网版平整度的测量

网版平整度的测量可用以下方法：

①可用测厚仪检测。通过分散多点测量网版厚度的粗略的平整度。

②采用专用的粗糙度测试仪来检测。

粗糙度测试仪，如图 4－14 所示。

这一仪器用来检测膜版的表面。把测试探针简单地放在要测试的表面上，与丝网的网丝成 2°～2.5°角。在测定序列中，探针移动几毫米，探测记录头测得的表面的断面信号经过放大器，输入计算机，计算出所需的 R_Z 值。R_Z 值为平均粗糙深度，它是在五次序列的单一侧量长度 $e_e\left(e_e=\frac{1}{5}e_m\right)$ 内的个别粗糙深度的平均值（见图 4－15）。

图 4－14　粗糙度测试仪

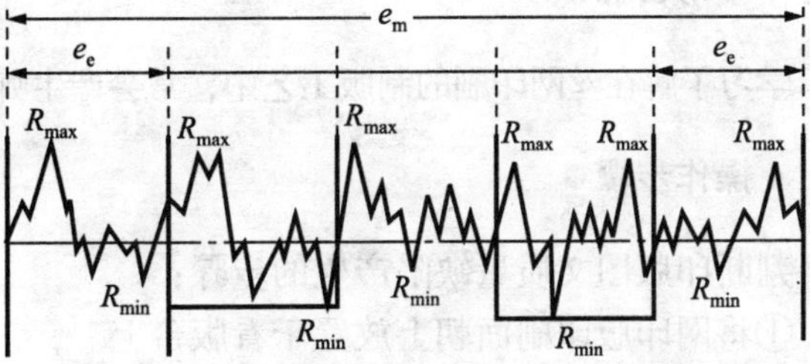

$$平均的R_z值=\frac{R_{z1}+R_{z2}+R_{z3}+R_{z4}+R_{z5}}{5}$$

图 4－15　R_Z 值的测定

$$R_{max}+R_{min}=R_Z$$

式中　R_{max}—— 一段的最大读数；

R_{min}—— 一段的最小读数；

R_Z—— 一段的平均值。

网印膜版的 R_Z 值（DIN 标准将其命名为平均粗糙度）：

R_Z 以微米为单位，其数值越大表示网版的平整度越差。因此，R_Z 值小一些为好，最佳或最理想的数字当然显示为 0。

通过测试表明，R_Z 值在 10μm 以下可在平滑的承印物表面得到好的印刷效果，而 3～7μm 可在任何表面得到良好的印刷效果（印刷在吸收力高的材料上，如织物，网版材料的 R_Z 值会略有不同）。

R_Z 值通常应该比测定的涂层厚度要小，如图 4－16 比较平滑的膜版表面对于印刷清晰的图像和避免锯齿效应至关重要。

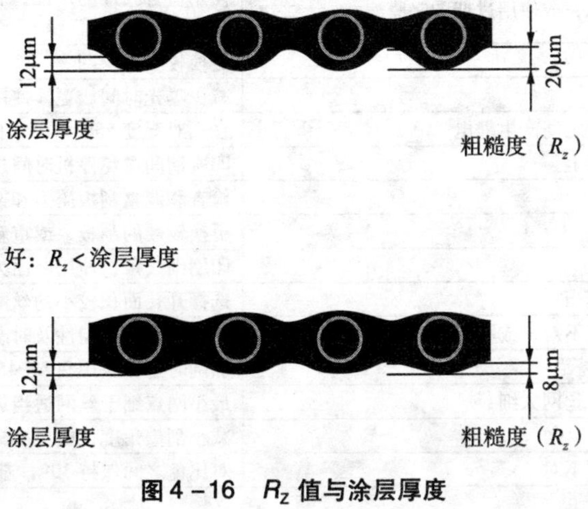

图 4－16　R_Z 值与涂层厚度

❖注意事项❖

平时应注意保护好放大镜片，不能擦毛，否则会影响观察线条、网点及图像边缘的清晰度。

4.3.2 判断印版常见缺陷产生的原因

❖学习目标❖

学习了解在丝网印刷的制版工艺中，常会产生哪些弊病。掌握判断缺陷产生原因的技能。

❖操作步骤❖

判断印版图文质量缺陷产生的步骤：

①将网印版印刷面朝上放置于看版台上。

②打开看版台内置灯。

③用放大镜（10倍）仔细检查印版。

④发现印版缺陷。

⑤判断缺陷产生的原因。

❖相关知识❖

印版常见的缺陷与解决办法如表4-1所列。

表4-1 网印版常见制版故障及解决办法

故障	原因	解决办法
印版边缘清晰度差	膜版曝光不足	增加曝光时间
	使用未染色丝网	使用染色丝网
	底片图像边缘质量差密度不够	使用图像边缘清晰、密度最小为2.0的底片
	丝网过粗	选用较细丝网、合适的乳剂（或膜片）
	膜版乳剂面与底片接触不好	检查晒版架的性能，保证膜版表面与胶片接触良好
	膜版制作不好	改进涂布工艺操作
	使用感光乳剂类型不对	使用解像力较高的乳剂
	干燥温度过高（间接膜版）使图像边缘隆起	间接膜版在25℃以下干燥
	坚膜液浓度过低，或使用过期的坚膜液	使用适合胶片的产品，检查和调整过氧化氢的初始浓度
细微层次复制不好	丝网过粗	更换较细的丝网
	膜版曝光过度	减少曝光时间或更换使用带色丝网
	印版与承印材料之间产生静电	在相对湿度55%~65%的条件下操作
	油墨干固在膜版上	印刷期间避免停机时间过长
	印版漏墨过多	检查和调整刮板压力和换用高质量的刮板
	刮板太软	更换较硬的刮板，或重新打磨刮板刃口
	刮板外形不合适	印刷细线条，使用断面为方形的刮板
出现龟纹	丝网目数选择不当	选择开孔面积较小的丝网
	选用的膜版系统不对，或膜版处理技术不好	检查膜版的均匀性及时改进
	加网角度不对	加网时避免采用90°、45°等不当角度
	网点尺寸相对于丝网太细	最小网点细于丝网适当进行调整
	刮板太硬	减小刮墨角度，或更换较软的刮板
	四色版加网角度不对	对比色之间保持30°，避免与丝网成90°和45°

续表

故障	原因	解决办法
图像区域网孔不通	冲洗后残留水分去除不彻底	直接膜版曝光不足，在刮墨面留下一些软化的乳剂，它们移动会堵塞图像区域的开孔。间接膜片应在转移前放在15～20℃的冷水中浸湿，用白报纸吸去多余的水分
	膜版（间接）未吸干	用白报纸轻拭，直到纸上看不到有水为止
	曝光用底片密度不够	底片最低的密度应为2.0
	乳剂偶然曝白光造成图像模糊	保持涂好的膜版远离任何白光源
	涂好的膜版在曝光前存放时间过长	用重铬酸盐敏化的乳剂涂布的膜版应干燥2h后即用。使用其他感光材料，核对生产厂家的说明
	涂布好的膜版存放在靠近热源处或置于过高的温度下	涂好的膜版如存放很长时间，则应存放在干燥阴凉（18℃、45%～55%相对湿度）的条件下
膜版有针孔	膜版曝光不足	试验曝光
	丝网上有杂质颗粒	在制版前保持网版清洁
	使用腐蚀性油墨或溶剂	避免不必要地使用通孔剂或频繁地冲洗膜版，要在65%的相对湿度下印刷
	阳图或阴图底片质量差	检查底片图像的不透明度和胶片的透明度并进行调整
	直接乳剂涂布时产生气泡	应缓慢涂布
	印刷期间印版冲洗过于频繁	必要时只冲洗刮墨面
印版的分辨率差	膜版曝光过度	试验曝光
	使用的丝网未染色	使用染色丝网
	原稿阳图片密度不够	检查阳图片的不透明度并进行调整
	曝光前乳剂层未干（所有直接乳剂/直接膜片系统）	延长干燥时间至完全干燥，使用毛细感光膜片，去除片基后继续干燥
	使用漫射光源	使用点光源
	原稿底片与膜版表面接触不好	检查晒版架的真空状况并进行调整
	感光性膜版材料过期	检查核对生产厂规定的产品保存期限并进行调整
	曝光前涂好的膜版存放时间过久，或离热源过近	所有感光材料均存放在阴凉、干燥处，避白光
	敏化剂存放过期	检查核对生产厂规定的产品保存期限

❖注意事项❖

在制版、印刷中，要熟练地掌握制版技术，严格按照设备说明书的要求和操作规程作业。

本章复习题

1. 用测试片如何测量底片上的加网线数？
2. 如何用放大镜检查底片密度？
3. 什么是图像阶调？
4. 制版底片密度大小对制版质量有什么影响？
5. 网印版的膜层厚度，对印刷精度有什么影响？
6. 如何测量丝网的目数？
7. 如何测量感光膜的厚度？

第三部分

网版制版工（高级工）

1 底片制作

本章提示

理解网目调印刷的原理，网目调印刷的加网线数、加网角度和网点形状对印刷效果的影响，掌握网版印刷网目调印刷品制版的基本技能。

1.1 准备制作底片

1.1.1 确定网目调制版的加网线数、加网角度和网点形状

❖学习目标❖

理解网目调制版的原理，知道加网线数、加网角度和网点形状参数在网目调印刷中的作用和掌握设置方法。

❖操作步骤❖

确定网目调制版的加网线数、加网角度和网点形状的步骤。

①分析版面中的元素构成，懂得制版的精度要求，确定制版的方法。

②根据承印物材料的性质、印刷材料的条件和印刷方式确定加网的线数，确定加网线数与丝网线数的匹配关系。

③设定加网线数。

④确定加网角度、网版印刷多采用圆形、椭圆形网点。

⑤对于难度较高的活件要进行试印，检验加网参数是否合适，印刷品是否有龟纹。有龟纹说明加网角度选择不合适，应该进行适当的调整。

⑥检查单色印刷梯尺，察看印刷的加网线数、加网角度和网点形状等参数，通过单色梯尺也可以测量网点面积、网点扩大程度和印刷密度。

❖相关知识❖

网目调分色加网原理。

（1）网目调分色原理

电子分色机和彩色桌面系统都是采用扫描分色方式，即将照明光用透镜汇聚成一个极小的光点照射到原稿上，用光电器件将色光转换为电信号，构成扫描图像的像素。扫描光点逐行由原稿的一端扫到另一端，逐个读取每个像素数据，得到 RGB 数据，经分色后得到原稿上每个像素点所对应的油墨数据。

图 1－1 是通过扫描仪进行颜色分解的示意图。原稿上各种颜色经光源照射后反射或透射出不同波长的色光，经过红、绿、蓝滤色片后，有些光被吸收，有些光透过滤色片照射到扫描仪的光电接收器上，被光电接收器转换为红、绿、蓝电信号。将红、绿、蓝电信号数字化后记录下来就形成了图像的电子文件，这个电子文件就是扫描仪得到的扫描图像，图像的每一个像素对应一组 RGB 数值，这组 RGB 数值就是该像素的颜色值。在计算机上打开这个电子文件，按文件中的 RGB 数值显示到显示器上，显示器上红、绿、蓝荧光粉所发出的光经过加色混色就形成了原稿的颜色。如果将电子文件中的 RGB 数值进行分色，不同的 RGB 数值就组成了不同的 CMYK 值，这就是分色片和印版上的网点百分比。这就是颜色分解和转换为油墨数据的过程。

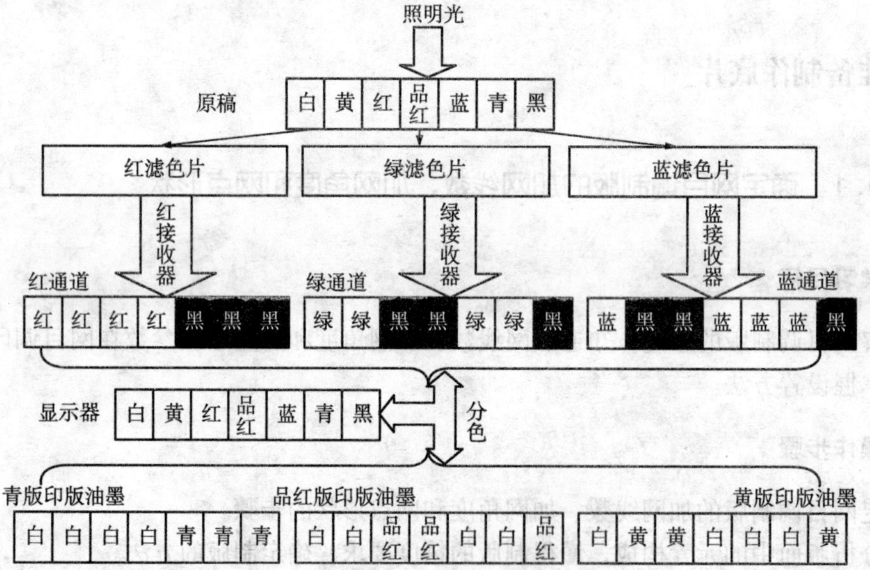

图 1－1　颜色分解与分色示意图

（2）调幅网点的特性

调幅加网有三个重要的参数：加网线数、加网角度和网点形状，称为加网的三要素。

①加网线数。

加网线数也称为网目线数，是指在网点排列距离最近的方向上，单位长度内网点中心连线上所排列的网点个数。衡量加网线数的单位是线/英寸，用 lpi 表示，或者是线/厘米，用 lpc 表示，二者的换算关系为 1lpi＝2.54lpc。

印刷品加网线数的高低直接影响图像的目视质量。加网线数越高，单位面积内容纳的网点个数越多，网点尺寸越小，图像细微层次表达越精细，阶调再现性越好；加网线数越低，单位面积内容纳的网点个数越少；图像细微层次表达越粗糙，阶调再现性越差，如图

1－2 所示。图中从左开始向右，图像的加网线数依次降低，目视效果逐渐变差，由此可以看出不同加网线数对图像再现清晰度的影响。

图 1－2　不同加网线数对图像清晰度的影响

当然，加网线数是由复制精度的要求、印刷品的用途及观察距离、承印材料的性能、印刷机的精度等多个因素决定的。网版印刷的加网线数一般小于 80lpi。

②加网角度。

加网角度也称网线角度，是指相邻网点在距离最短的连线与水平基准线的夹角。如图 1－3 所示。采用加网角度的目的有两个：一是使各个颜色的网点不重合在一起，而是错开一个小距离，形成有叠印、有并列的形式，可以充分发挥出各原色油墨的效果；二是为了避免出现印刷龟纹。

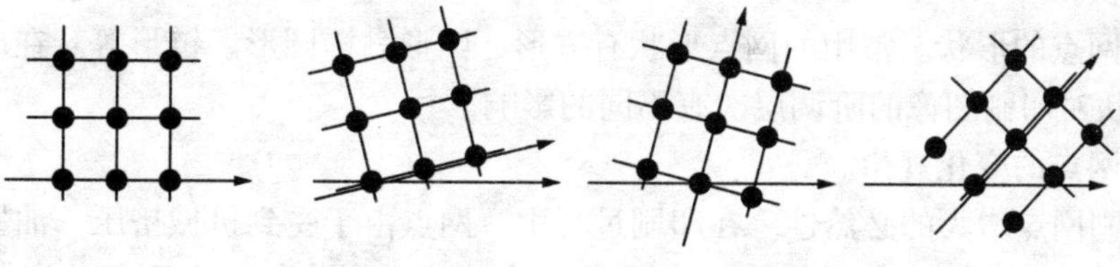

图 1－3　加网角度的示意图

因为调幅网点是有规则、周期性分布的，使调幅加网技术存在一个先天的弱点，即不可避免地要产生龟纹。在光学中，当两个空间周期相差较小的图纹重叠时，会出现一种具有更大空间周期的图纹，我们称之为莫尔条纹，如图 1－4 所示。所生成的莫尔条纹的周期（间距）大小与两个因素有关：一是两空间周期之差，周期差值越小，莫尔条纹间距越大；二是两空间周期的夹角，当周期相同时，周期间夹角越小，莫尔条纹间距越大。

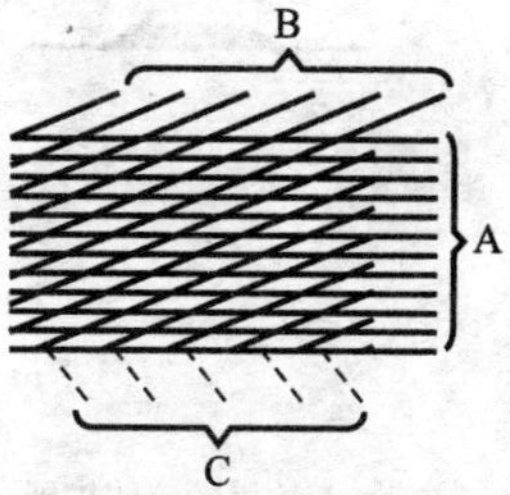

图 1－4　两组平行线群引起的莫尔条纹

龟纹指由于各色版所用网点角度安排不当等原因，印刷图像出现不应有的花纹。

龟纹的产生，是两个以上空间周期相差较小的图纹重叠时相互干涉的结果。龟纹的大小，与两个图纹的空间周期差及夹角有关，周期差越大，龟纹越小，反之则大。

网目调印刷品是由有规律的网点排列组成的，这是出现龟纹的第一位的原因。并不仅限于网点，所有规则排列的图案，如果两个以上重叠的话，都会发生互相干涉而时常出现一种不甚清楚的图案。如图 1 -4 所示，具有一定间隔的平行线 A 和另一组具有一定间隔的平行线 B 重合，出现一个图案不甚清楚的平行线组 C。

同样，由于彩色印刷品是由四色或四色以上色版套印，且各色版上的网点都是周期性排列的，相互叠加必然产生莫尔条纹，印刷中称之为龟纹。如图 1 -5 所示。可以说龟纹是莫尔纹在印刷品上的体现，龟纹影响图像的视觉效果，使图像变得粗糙。

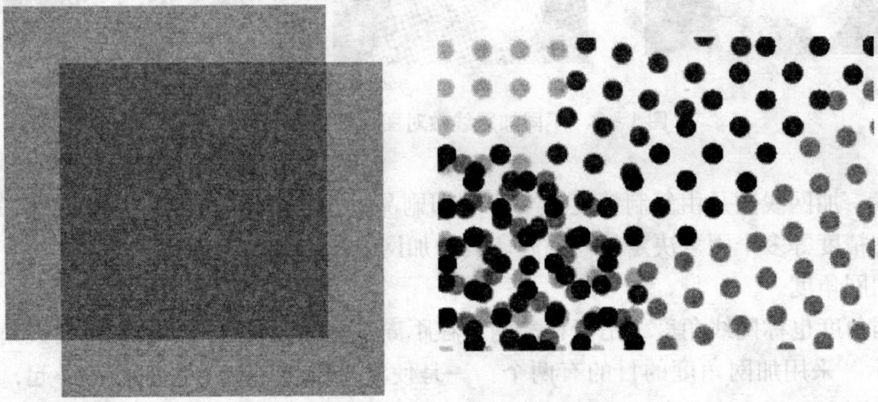

图 1 -5　不同加网角度印刷叠合后的效果

③网点形状。

指 50% 网点的形状。常用的网点形状有方形、圆形、椭圆形、链形等。在印刷中，不同的网点形状对印刷图像的阶调层次有不同的影响。

a. 印刷网点的变化规律。

(a) 印刷网点增大的必然性。在印刷过程中，网点由于受到机械挤压、油墨的流体扩展以及纸张的双重反射效应，如图 1 -6 所示，会造成承印物上网点面积比印版上相应部分的网点面积有所增大，这种适当的增大属正常现象，但一定要控制在允许范围内，并进行数据化管理。

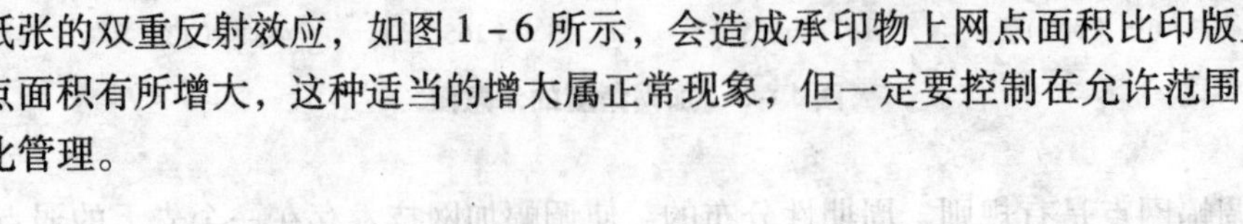

(a) 油墨的流体扩展　(b) 光在油墨交界处的反射　(c) 光在白纸上的反射

图 1 -6　网点的必然增大

纸张的双重反射效应会造成网点增大，当白光照射到白纸上，由于纸张纤维的吸收作用，只能反射 80%。光通过油墨层是减色反射，如青墨可反射蓝光、绿光、吸收红光。在油墨交界处，白光照射后仅能反射入射光的 10%，人眼看上去印刷网点周围仿佛有印迹，而产生网点增大 4% ~10% 的感觉。

（b）网点面积增大与网点边缘长度成正比。

b. 不同形状网点与阶调再现。

由于 50% 方形网点的周长最大，在印刷过程中，如果墨量稍有一点变化，在此处网点的增大比其他网点百分比的网点增大许多。也就是说，若采用方形网点，则在图像的阶调层次中的中间部位上，由于网点的搭接会造成密度的突然上升，因而破坏了阶调曲线的连续性，造成某阶调区域的层次损失。例如，肤色恰好处于黄、品红版的中间调，由于网点的突然扩大造成阶调极其生硬，缺乏细微层次变化。方形、圆形、链形网点的搭接状况，以及由此引起的密度跳升，可见表 1 -1。

表 1 -1　不同形状网点搭接部位、图形与密度跳升

点形	搭接部位	搭接图形	密度跳升
方形	50%		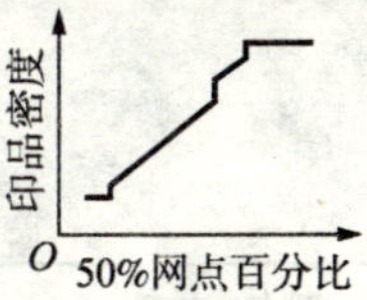
圆形	约 70%		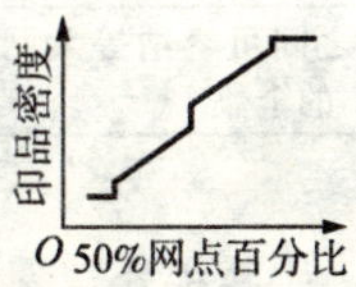
链形	约 40% 和 60%		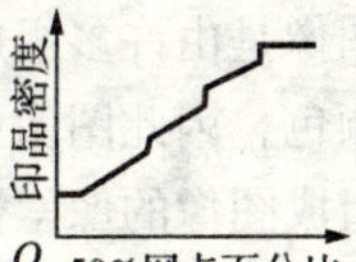

④网点大小。

网点大小是指一个网点在单位总面积里所占的比例，是调幅加网方法控制印刷阶调的手段，通常以“成”表示，每一成代表 10% 的网点。如一个网点面积占单位总面积的 30%，则称为三成，占单位面积的 10% 则为一成，依此类推，一般把网点面积比例的大小分成 10 个阶层。一般连续调图像的暗调部分网点百分比的范围约为 70% ~90%；中间调部分网点变化范围约为 40% ~60%；亮调部分网点变化范围约为 10% ~30%。特殊的 100% 网点区域称为实地，0% 网点区域称为绝网。另外，识别网点的成数也有阴阳之分，因此判断网点大小首先要分辨观察对象是阴图网点还是阳图网点。对阴图网点图像要看透明点的大小判定成数，对阳图网点图像要看黑点的大小判定其成数多少，大于 50% 的网点用相反的方法来判断。

印刷网点可以使用放大镜进行目测。目测法是观察相邻两个网点之间的间距大小来判断网点成数的方法。如图 1－7 所示，对于阳图来说，如果两个网点之间可以容纳三个等大网点，则可以判断其为 1 成网点，如左上第一个图所示；如果两个网点之间可以容纳 1.5 个等大网点，则为 3 成网点，如左上第二个图所示；如果两个反像网点之间可容纳两个等大反像网点，则为 8 成网点；其他依此类推，各网点成数的判断关系如表 1－2 所示。

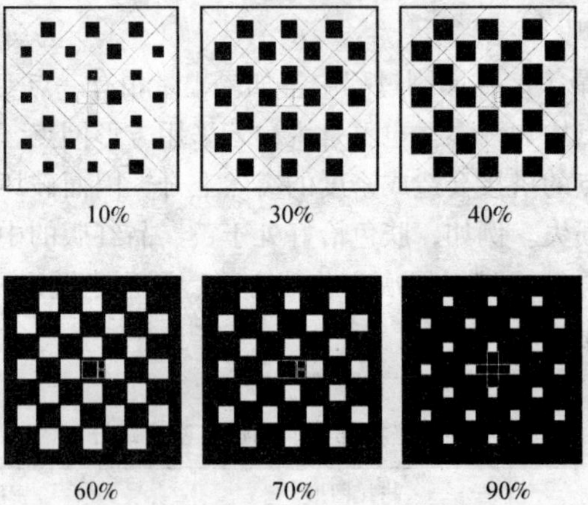

图 1－7　目测法识别网点成数

表 1－2　目测法判断网点成数

网点成数	1	2	3	4	5	6	7	8	9
相邻网点之间可容纳等大网点（或白点）的个数	3	2	$1\frac{1}{2}$	$1\frac{1}{4}$	1	$1\frac{1}{4}$	$1\frac{1}{2}$	2	3

（3）计算机处理图像的特点

①图像是由许多组成图像的基本单元像素按行和列排列而成，每一个像素都可以具有特定的颜色，因此图像中颜色的变化和层次的变化非常丰富。

②组成图像的像素数多少决定了图像中包含信息量的大小，通常用单位长度内包含的像素数来表示图像中信息量的大小，用每英寸的像素数（dpi）或每厘米的像素数（dpc）表示，称为图像的分辨率。对于数字图像来说，图像的分辨率直接关系到图像的清晰度和质量。例如同一幅原稿，分别用 150dpi 和 300dpi 的分辨率来扫描，后者的精度要比前者高一倍，即后者提取两个像素前者才提取一个，后者比前者从原稿中提取了更多的信息，所组成的图像就更精细；反过来说，在扫描时前者比后者丢失了更多的信息，采样不精细，因此比后者的图像质量相对要差。

③图像中包含的像素越多，在保证相同印刷质量的前提下，所能够印刷的图像尺寸就越大。在相同像素数量的条件下，印刷的尺寸越大，相当于印刷图像的分辨率被降低，因为尺寸变大，像素数没有增加，单位长度内的像素数少了，因此印刷图像的质量就会变差。因为印刷加网线数与图像分辨率有如下关系（正常情况下质量系数 = 2.0）：

图像分辨率（dpi）= 印刷的加网线数（lpi）× 质量系数

因此，一旦图像分辨率确定后，不能随意改变图像的尺寸，否则会影响印刷品的质量。

④在计算机中进行图像处理时，图像处理软件可以对图像中的每一个像素进行处理，

因此计算量非常大。而且图像的尺寸越大、分辨率越高，图像文件就会越大，处理的速度也会越慢。例如分别用150dpi和300dpi分辨率扫描同一幅原稿，后者的图像文件大小是前者的4倍，因而图像处理时的计算量也会大4倍，速度会相应变慢。因此在制作过程中要尽量使用小图像，并且使用组版软件来组合版面元素，避免用图像方式制作整个版面，这样可以加快制作和处理的速度，也有利于提高文字的印刷质量。

⑤图像分为二值图像、灰度图像和彩色图像三种颜色模式，这三种模式可以在图像处理软件中相互转换。二值图像是没有图像层次的线条图（如图1－8所示），与图形软件绘制的线条图效果类似，但是由像素点阵形成而不是由曲线形成的，适合制作公司标志、图标等无层次变化的对象。灰度图像是单色有层次变化的图像（如图1－9所示），如黑白照片，适合制作单色（但不限于黑白）的图像。彩色图像常用的有RGB和CMYK模式，一般数码相机拍摄的图片、扫描仪扫描的图像都是RGB模式的，在图像处理软件中也应该尽量使用RGB模式图像进行处理，因为RGB图像文件相对CMYK图像文件小，处理速度相对快一些。但RGB图像不能直接输出印刷，输出前必须转换为与印刷油墨颜色相对应的CMYK模式。CMYK模式的颜色对应印刷的油墨颜色，其数值代表了印刷的网点百分比。因此所有图像在输出前都要转换为CMYK模式，这个颜色转换操作称为分色。

图1－8　黑白线条图像

图1－9　灰度图像

在描述一幅图像或评价图像质量的时候，我们通常会从图像颜色、层次和清晰度三个方面入手。而在彩色图像的印刷复制过程中，图像的颜色、阶调层次和清晰度的再现和还原也是保证印刷品质量的三大要素。

❖注意事项❖

并不是加网线数越高就越好，要取决于印刷材料和方法。加网线数过高，印刷时会出现层次的并级，使图像中的层次丢失，就是印刷中常说的糊版。

1.1.2　检查制作、输出底片设备的备用状态

❖学习目标❖

了解制作、输出底片的相关设备的性能和使用方法，掌握检查制作、输出底片设备的

技能。

❖操作步骤❖

①检查计算机的状态和相关应用软件的情况。打开计算机，正常情况下可以进入操作系统（Windows 或 MAC OS），如果出现异常，根据计算机提示分析故障的原因。

②如果计算机不能正常启动，分析可能的原因，回忆上一次正常使用的情况和关机时的情况。故障的原因非常复杂，可能的原因有：a. 密码错误；b. 受计算机病毒的感染，使用杀毒软件杀毒；c. 操作系统软件损坏，请系统维护员用维护工具软件修复，或直接重新安装操作系统；d. 计算机硬件出现故障，如供电系统造成的断电、计算机硬盘的损坏等。此时需要判断故障的部位，送修理部维修。

③检查各应用软件的工作状态，是否能够正常打开，功能是否正常。应用软件工作不正常的原因可能是软件被损坏，也有可能是由于操作系统故障引起。如果重新安装应用软件后仍然不正常，可以判断是由操作系统引起的。

④检查各外部设备是否正常，常用的设备有：扫描仪、打印机（激光打印机、喷墨打印机等）、照排机等。各种设备都必须有相应软件的支持，有些故障可能是软件故障，不一定都是设备的硬件故障。因此，一般应该分析故障现象，首先从排除软件故障入手。

❖相关知识❖

（1）底片制作、输出设备的类型

底片制作设备包括输入设备、制作设备、输出设备和有关的辅助设备，如网络、活动硬盘等。

①输入设备。

输入设备包括扫描仪、数码相机等设备，其中扫描仪是目前最主要的输入设备，用于将原稿图像输入到计算机中。扫描仪分为平台式扫描仪和滚筒式扫描仪两类。

a. 平台式扫描仪。

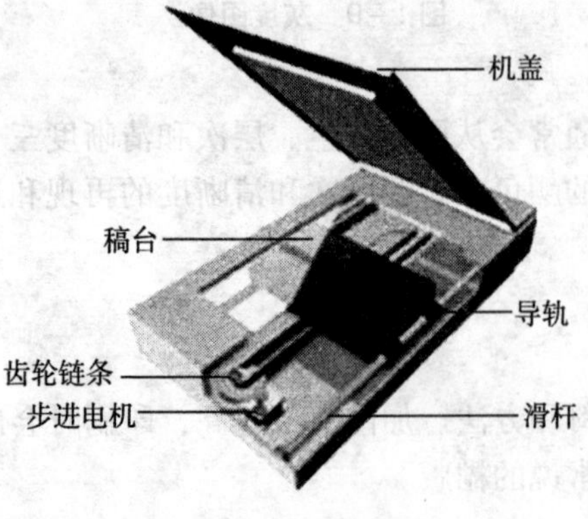

图 1－10　平台式扫描仪结构示意图

平台式扫描仪是目前使用最多、最常用的扫描仪类型。虽然从外型上看，平台式扫描仪的整体感觉十分简洁、紧凑，但其内部结构却相当复杂，不仅有复杂的电子线路控制，而且还包含精密的光学成像器件，以及设计精巧的机械传动装置。它们的巧妙结合构成了扫描仪独特的工作方式。

图 1－10 所示为典型的平台式扫描仪的结构示意图，平台式扫描仪主要由上盖、原稿台、光学成像部分、光电转换部分、机械传动部分等组成。与滚筒式扫描仪最大的不同是，平台式扫描仪使用的光电转换器件是电荷耦合器件（CCD）而不是光电倍增管，扫描方式是逐行扫描而不是逐点扫描。

平台式扫描仪对图像画面进行扫描时，扫描光源的光被会聚成一条光带，照亮原稿的一行，产生的反射光（反射稿）或透射光（透射稿）经过光学系统进入线阵 CCD。线阵

CCD 每次接收原稿图像的一行信息，CCD 上的每一个光电转换单元对应一行上的一个采样点，形成扫描图像的一个像素。扫描完一行信息以后，机械传动机构在控制电路的控制下，通过步进电机带动驱动皮带，驱动光学系统和 CCD 扫描装置在传动导轨上与待扫原稿做相对平行移动，移动一个扫描行的距离，进行下一行的扫描。不断重复这个过程，直至将待扫图像原稿一条线一条线的扫入，最终完成全部原稿图像的扫描。

b. 滚筒式扫描仪。

滚筒式扫描仪是一类高档输入设备，主要用于要求精度高的原稿输入。滚筒式扫描仪主要由扫描滚筒、照明系统、光学采集系统、数据转换及计算机接口几部分组成，其外形如图 1－11 所示。

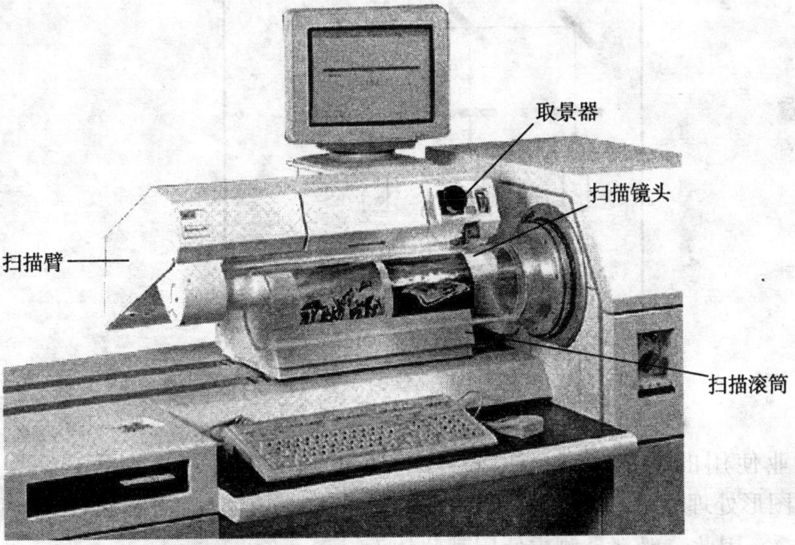

图 1－11　DC3000 系列滚筒式扫描仪外形图

使用滚筒式扫描仪扫描前，原稿必须用胶带固定在扫描滚筒上。扫描时，原稿随滚筒一起高速转动，光学采集系统相对于扫描方向固定不动。照明系统将照明光会聚于原稿上的一点。光学采集系统聚焦于原稿上的照明点，将该点接收的透射光或反射光转换为电信号，传输给计算机。扫描时，滚筒每转一周，光学系统就沿旋转的圆周采集原稿上的一行信息，同时光学系统也必须沿滚筒轴向移动一个扫描行的距离，调整到下一个扫描行的位置，为采集下一行的信息做准备。

滚筒式扫描仪的基本原理如图 1－12 所示，框中是扫描接收头的示意图。滚筒式扫描仪一般由 3～4 支光电倍增管组成接收器，从原稿上接收的光线由分光镜分解成三路，由红、绿、蓝三种颜色的滤色片分解成红、绿、蓝三个波段的光信号，对应着原稿上的红、绿、蓝信息，分别由三个光电倍增管接收并转换为电信号，这三路电信号就对应着红、绿、蓝三个通道的图像信号。原稿上红色区域接收的光中，红光比较强，分解后接收的红色信号也强。同理，其他不同颜色区域分解的颜色信号会形成不同的红、绿、蓝信号，这样就构成了彩色的图像。

②制作设备。

制作设备由计算机硬件和软件组成。印刷行业常用的计算机有苹果计算机和 PC 机两种机型。苹果计算机是最早支持印刷应用软件的机型，由于其操作简单，人性化设计，性能稳定，深受用户的欢迎，大部分专业的和大型的制版公司及广告公司都主要使用苹果计算机，但苹果计算机的价格略高一些。PC 机是目前最流行的机种，普及率高，软件丰富，所有专业制版软件都有 PC 机版本，硬件价格便宜，很多制版公司都在使用。

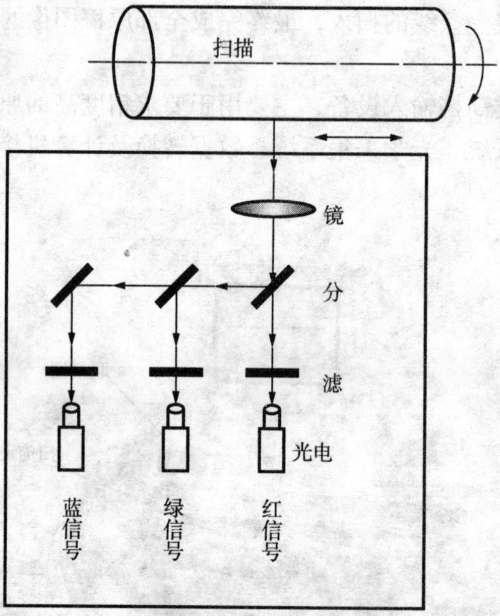

图 1－12　滚筒式扫描仪的信号转换原理示意图

印刷行业使用的制版软件主要有 Photoshop 图像处理软件、Illustrator、Freehand、CorelDRAW 图形处理软件、PageMaker、QuarkExpress、InDesign 组版软件。有些软件之间的功能有重叠，因此一般都是侧重使用某些软件。

③输出设备。

输出设备的功能是将计算机中制作的页面记录在纸张和胶片上。输出设备主要有激光打印机、喷墨打印机和照排机。从使用方式上看，无论是打印机还是照排机，都是计算机的输出设备，在计算机上的操作基本相同，只要选择了相应的设备名称和驱动程序，其他的操作就基本一样了。

对于输出设备状态的检查主要包括：

a. 设备连接是否正确，包括电源和数据线。

b. 是否有足够的输出介质：墨与墨粉（打印机）、纸张或胶片数量。

c. 输出质量：颜色的准确或墨色浓度（打印机），记录网点的准确性（线性化）和输出实地密度。

(2) 底片制作、输出设备的使用方法

根据具体活件的要求不同，各种底片的制作方法和操作步骤也很不相同，这里只能列出一般的操作流程，很多操作都需要大量的实践和练习。

底片制作的流程大致可以分为如下 8 个步骤：

①工艺的制定。

在接到一个制作任务后，不要急于下手，应该首先对照生产通知单，分析一下需要制作的内容、特点、难点、需要使用的输入输出设备、制作的软件等，了解该活件的印刷方式、印刷条件和使用要求，以便确定制作的路线。工艺制定的正确与否，直接关系到活件的制作质量和效率，甚至还会导致废品和返工，所以应该足够重视。工艺的制定与所使用的设备条件、对软件的操作熟练程度和制作经验关系非常大，对于熟练和有经验的制作人员来说，制定工艺路线可能是瞬间完成的工作，并不需要很长时间，但是应该认真对待，养成良好的工作习惯。

②原稿的输入。

通常制作的第一步为原稿的输入。原稿可能是图像稿，如照片、画稿，也可能是文字稿，此时需要将文字录入。对于文字数量很少的情况，文字的录入可以放到排版步骤中，与排版一同完成。

对于图像原稿，一般要使用扫描仪输入，这就需要按扫描仪的操作步骤进行。首先根据活件的类型确定扫描图的类型，对于线条图和单色的图标，可以使用二值图或灰度图模式，单色印刷采用单色扫描，彩色印刷进行彩色图扫描。接下来进行预扫、对预扫图像进行扫描区域的确定、定标、缩放倍率的计算或成品尺寸的确定、分辨率的设置等，有时还要根据情况进行清晰度强调、去网等设置，然后进行正式扫描。

③修图。

如果有扫描图，一般来说都需要对扫描图像进行修图操作，对扫描图像进行严格的剪裁、修理原稿中的缺陷或扫描时的缺陷，如果扫描原稿不正，还要进行适当的旋转。将图像修整完毕，要按要求为图像文件命名存盘，将文件移交给制作人员。

④图像的制作。

如果需要对图像进行特殊效果的处理，如图片的拼接、合成、阶调和颜色的调整、创意设计等，这一步有时是制版中最复杂和费时的操作。

⑤分色。

通常扫描图像都是 RGB 模式图像，要印刷该图像必须首先将其转换为 CMYK 图像，这一步骤称为分色。尽管在输出胶片时可以通过栅格处理器（RIP）进行分色，但在图像处理时进行分色可以在显示器上直观地看到分色的效果，要是分色效果不满意，还有修改的机会，而在 RIP 中分色是看不到的，万一分色不准确也看不到，容易造成错误。因此，目前流行的制作工艺还都要在图像处理软件中进行分色。

⑥绘图与组版。

将扫描图像处理完成后，还要进行组版。组版的作用是将页面中的多个图像按位置要求组合在一个页面中，同时在页面中制作需要的文字和其他装饰图形。如果所制作的装饰图形比较复杂，可以事先用图形处理软件绘制，然后再在组版软件中组版。如果所制作的页面中文字不是很多，也可以在图形处理软件中进行组版和文字的输入，这样可能效率更高。如果页面中的文字较多，并且在原稿输入步骤中已经将文字录入成文件，最好使用组版软件进行组版，因为组版软件处理文字的效率更高，用图形处理软件有时不能很好地对文字进行排版，此时就要求将页面中的装饰图形用图形处理软件单独绘制。归纳起来，绘图和组版的情况有以下三种。

a. 以文字为主的情况。

使用组版软件，如 PageMaker、QuarkExpress、InDegsin 和方正飞腾等软件。文字可以事先录入为一个文本文件，在组版软件中置入。页面中的简单图形可以在组版软件中绘制，如矩形、圆形和典型的多边形。组版软件不能绘制的复杂图形要在图形处理软件中单独绘制，保存为 EPS 格式后置入到组版软件中。

b. 文字很少，需要绘制复杂图形的情况。

使用图形处理软件，如 Illustrator、Freehand、CorelDRAW 和方正飞腾等软件。图形绘制、文字录入和组版工作都可以在图形处理软件中完成。

c. 文字不多，无复杂图形的情况。

可以任选组版软件或图形处理软件，效果基本相同，可以根据实际情况和使用习惯决定。

⑦检查和打样。

页面制作好以后，必须仔细检查页面的内容，对比版式要求和通知单的要求检查。检查无误后还要进行打样，交客户签字认可。打样的方法可以是传统打样，也可以用数字方式打样。对于丝网印刷来说，传统打样要实际晒版和印刷，这样比较费工费时，而使用数码打样方法必须进行色彩管理才能保证颜色的准确。

如果检查有问题，或者客户提出修改建议，则要根据实际情况返回到前面相应的制作工序进行修改，甚至从头开始返工。

⑧输出。

制作完成、检查无误以后就可以输出底片了。底片的输出方法要根据制作内容、精度要求等情况选择。对于彩色版面、网目调图像和精度要求高的版面，要使用照排机输出才能保证输出的质量，如果版面是简单的图形，精度要求不高，则可以考虑使用激光打印机输出硫酸纸或打印胶片。

页面的输出要在最终组版（或图形处理）的软件内进行。页面输出使用打印命令，所有软件的打印命令都在文件菜单中，但不同的软件或使用不同的打印机或照排机，打印界面和设置界面不尽相同，但都有一些相同的内容。输出的基本步骤为：

a. 选择打印命令。

b. 在打印对话框中选择打印机或照排机型号（见图 1－13 左图）。

c. 在纸张设置对话框中输入纸张或介质的尺寸，对于彩色页面还要选择输出套印标记和裁切标记，以便于版面的套印和裁切。

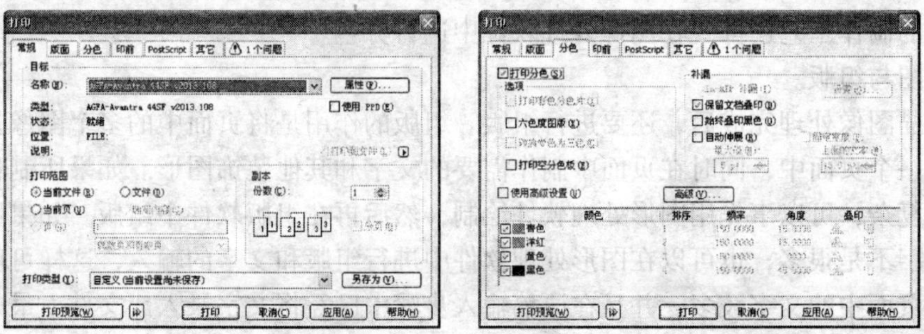

图 1－13　CorelDRAW 的分色打印设置（左图为设置打印机型号，右图为设置分色输出）

d. 在颜色设置对话框中选择输出的颜色，如果是彩色页面，要选择分色，并注意所输出的颜色是否正确。

e. 设置加网线数和加网角度，选择网点形状（见图 1－13 右图）。

f. 设置完成后，要检查一遍，最后点击打印按钮。

⑨检查分色胶片质量。

对输出的胶片要进行质量检查，如果不符合质量要求或出现错误，则需要找出原因，进行修正，重新出片。主要检查内容包括：

a. 输出是否正确，是否有丢失页面内容的问题，如缺字、错字、错位、页面中图像或图形元素的尺寸或位置是否正确等。

b. 胶片输出尺寸是否正确，分色片数量是否对，裁切线和页面标记是否齐全，注意是否有专色版。

c. 胶片的密度是否达到晒版的要求，梯尺的网点是否准确。

d. 阴、阳图、药膜面是否正确。

将制作底片的操作的基本流程总结如图 1－14 所示。

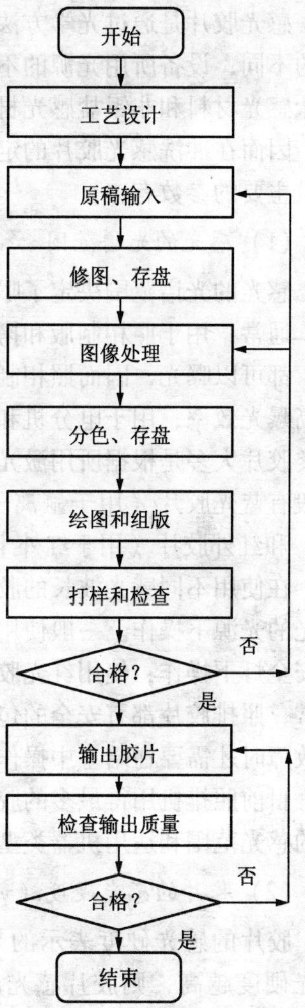

图 1－14　底片制作的操作流程图

❖注意事项❖

计算机和相应的输入输出设备都属于高精度、高复杂度的设备，设备的维护和检修需要有一定的专业知识，一般由专业人员维修。因此，对于疑难的设备故障，如果没有把握，不要轻易拆开机器，应该请专业的技术人员维修。

1.2　制作底片

1.2.1　制作多色网目调底片

❖学习目标❖

了解感光胶片的性能和使用方法，掌握制作彩色网目调底片的技能。

❖操作步骤❖

制作多色网目调底片的步骤：

①仔细阅读生产通知单，清楚版面的要求、颜色数和种类，按照上一节介绍的底片制作一般流程方法设计制作工艺。

②按照上一节介绍的底片制作一般流程方法按步骤操作。

③打样。将制作的页面输出并打样，交客户确认，如果有问题要进行修改。

④输出底片。多色网目调底片要使用照排机输出胶片。输出方法同上一节介绍的方法。

❖相关知识❖

感光胶片的种类、性能及使用方法。

感光胶片是通过光学方法记录信息的材料，是印刷行业使用广泛的制版材料。根据设备的不同，设备所用光源的不同，所使用的感光材料也有很大的差别。通常，感光材料有银盐感光材料和非银盐感光材料两大类，而印刷制版使用的感光胶片基本都是银盐感光材料，因而在冲洗感光胶片的定影液中含有银离子，可以从用过的定影液中回收银。感光胶片最主要的参数有：

（1）感光的光谱范围

感光的光谱范围决定了曝光光源的光谱范围，也决定了胶片适用的机器类型。

通常，用于照相制版和拷贝的感光胶片多为全色片，即对整个可见光范围的光都敏感，都可以曝光，因而照相制版和拷贝机使用的光源大多是光谱范围很宽的光源，以便于提高曝光效率；用于电分机和激光照排机的激光感光胶片为感光波段比较窄的专用胶片，这类胶片大多是根据所用激光器波长而专门设计的胶片。根据激光器发光波段，这类胶片一般有蓝光胶片（用于氩离子激光器）、红光胶片（用于氦氖激光器和红光半导体激光器）和红外胶片（用于红外半导体激光器）。

在使用不同感光波长的胶片时，必须在不同颜色的安全灯下操作，也就是要在胶片不感光的光源下操作。一般使用全色片要在全暗室或暗红光下操作；使用蓝光胶片可以在红色安全灯下操作；使用红光胶片要在全暗室下操作；红外胶片可以在绿色安全灯下操作。通常，照排胶片都有安全的包装和引导片，在更换胶片时都可以在明室中操作，只有在出现故障时才需要在暗室中操作。

目前照排机用得最多的胶片为红光胶片。因此在购买感光胶片时，必须要了解清楚胶片的感光范围和适用机器类型。

（2）胶片的感光硬度（γ值）

胶片的感光硬度表示的是感光密度与曝光的光强关系，如图 1－15 所示。胶片的感光硬度越高，则胶片感光后的密度随感光量的变化越快，即 γ 值越大，感光胶片上的密度过渡越快。由于任何一个曝光的单元边缘总有一个光强的过渡，胶片的感光硬度就决定了边缘过渡的性质。如图 1－16 所示，中心的黑点是希望曝光的光点，但由于曝光点边缘的光强有一个强度渐变，使曝光点边缘出现一个光晕。在记录比较小的网点时，这个光晕对曝光质量就会有影响，使网点之间呈现一定的密度值，降低了黑白之间的对比度。感光硬度低的胶片，在曝光点边缘会出现较大的光晕，硬度高的胶片光晕就小。硬度低的胶片适合制作密度渐变均匀的图像，如连续调图像的照相和制版；硬度高的胶片适合制作网目调加网的图像，如照排机使用的感光胶片和拷贝网目调图像的胶片。

除了对胶片的感光硬度有一定要求以外，在使用中还希望胶片感光的密度值随感光量是线性的关系，即图 1－15 中的感光曲线要有一段是接近直线，这样在实际使用中才好控制整个阶调的曝光，得到好的阶调复制曲线。

（3）胶片的感光度

感光度表明胶片对光的敏感程度，决定了曝光量的大小，即决定了曝光光源的发光强度和曝光时间长度。胶片的感光度用所需要的曝光能量来表示，一般照排胶片的感光度为几十微焦耳，拷贝胶片感光度略低一些。

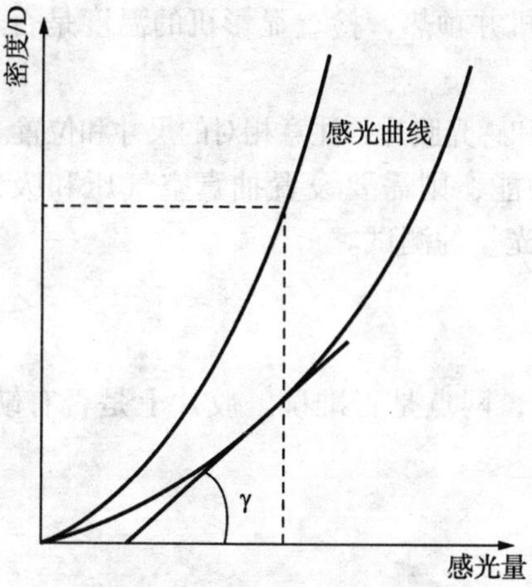

图 1－15　胶片的感光曲线

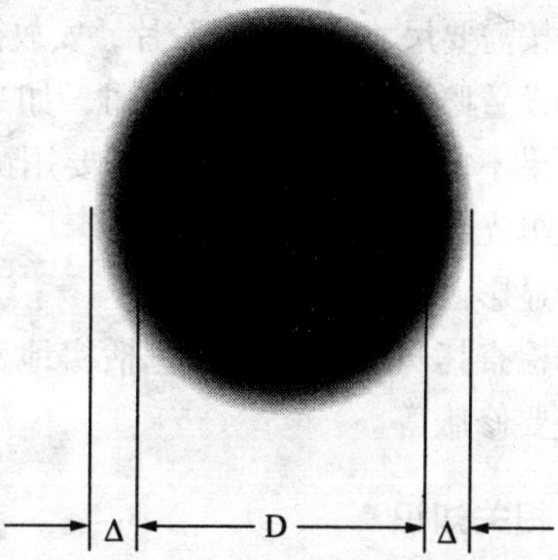

图 1－16　曝光点边缘的感光情况

（4）胶片的灰雾度和最大密度

胶片的灰雾度表示胶片片基的密度大小，一般希望片基的密度越小越好，实际的片基密度大约为 0.1D。

胶片的最大密度指胶片感光层能达到的最大密度值。一般晒版要求胶片的实地黑密度值能够达到 3.5D 左右，越高越好。但是，最大密度仅仅是对胶片要求的一个方面，还应该具有良好的线性关系，以保证阶调复制的准确性。如果密度值很高，但阶调复制的线性不好，就需要降低最大密度以保证阶调的复制。这对于制作网目调图像非常重要，对照排机进行线性化调整的目的就是要实现这个目的。此外胶片的密度值高，意味着曝光强度要大，需要曝光光源提供更多的能量，这对于节能和设备的使用寿命都有影响。所以，明智的做法是在保证晒版质量要求的密度值下，尽量采用较低的曝光量。

❖注意事项❖

①并不是加网线数越高就越好，这取决于印刷材料和方法。加网线数过高，印刷时会出现层次的并级，使图像中的层次丢失，就是印刷中常说的糊版。

②制作彩色网目调图像时，底片的实地密度至少应该达到 3.5 左右才能保证晒版时网点不丢失。

③注意各色版的加网角度，如出现龟纹，就需要适当调整加网角度。

④拷贝或照排胶片的实地密度不仅仅取决于胶片本身的感光度和曝光量，还取决于显影的条件，是二者综合的结果。因此，如果胶片密度不够，要从曝光量和显影条件两方面排查原因。

1.2.2　翻拍网目调底片

❖学习目标❖

了解图像加网工艺，掌握翻拍网目调底片的技能。

❖操作步骤❖

翻拍网目调底片的步骤：

①打开拷贝机，检查拷贝机的状态。打开显影机并预热，检查显影机的温度是否达到冲洗条件，只有达到要求温度后方可使用。

②按需要尺寸裁切感光胶片，安放待拷贝的原稿和感光胶片，注意相对的尺寸和位置。

③设置曝光光强和曝光时间，如果带有吸气功能，则需要设置抽真空气压和吸气时间。如果不能确定各参数，则需要用测试条进行曝光量的测试。

④曝光。

⑤显影。

⑥检查拷贝片的质量，包括实地密度是否足够，网点是否准确，胶片上是否有缺陷，是否需要修版等。

❖相关知识❖

采用彩色桌面系统时，印刷图像的加网主要由输出胶片时的栅格图像处理器（RIP）完成，操作人员可干预的内容并不多。但是，在制作中必须要考虑印刷的条件以及与该印刷条件相匹配的阶调复制条件，尤其在图像处理时要进行控制和设置。一般对网目调图像处理应该注意如下问题：

（1）控制图像的阶调范围

不同的印刷方法和条件，能够复制的图像阶调范围不同，所以在印前图像处理时要清楚地知道印刷的条件，如印刷方式、印刷承印物、加网线数、印刷品使用条件等。不同印刷方式和承印物对阶调复制的范围有很大差别，相同印刷方式和承印物、不同加网线数能够复制的阶调范围也有差别。

一般来说，印刷精度越高，承印物的印刷适性越好，就能够印刷出越大的阶调范围，反之则越小。对于网版印刷，受印刷方式和丝网的影响，印刷墨层较厚，印刷时的网点扩大和网点丢失较严重，因此不能复制出很小的网点，暗调部分容易并级，所以高光部分控制在10%～15%，小于这个数值的区域设为绝网；暗调部分控制在85%～90%，高于这个阶调值的区域设为实地。这样设置后可以有效地提高中间调的层次，减少图像层次的丢失。调整的方法是在Photoshop中，选择图像→调整→曲线命令，或选择图像→调整→色阶命令，在曲线调整或色阶对话框中进行高光和暗调的设置，如图1－17所示。

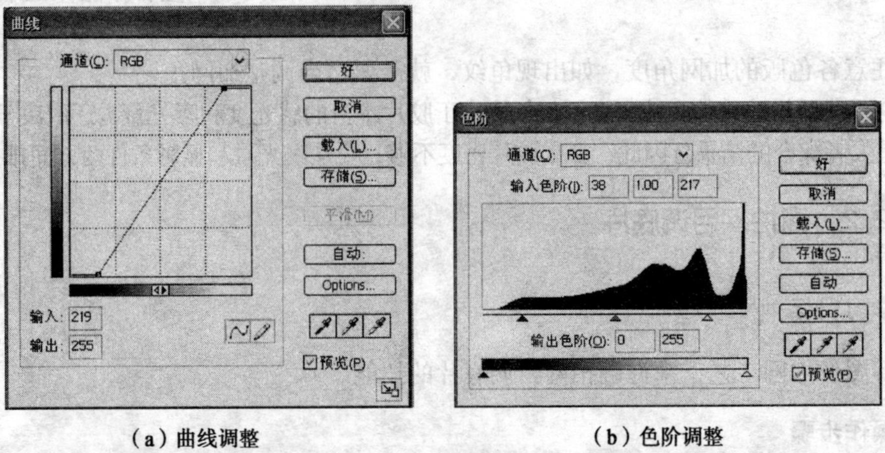

（a）曲线调整　　（b）色阶调整

图1－17　Photoshop的调整功能

图1－17中左图是曲线调整对话框，在对话框中显示出调整前的阶调曲线（45°直线），横坐标为输入值（调整前的阶调值），纵坐标为调整后的阶调值。对于CMYK模式、RGB模式和灰度模式图像，高光暗调对应数值不同，CMYK模式时暗调对应100，RGB和灰度模式暗调对应0。可以点击曲线下灰度条中间的箭头来切换高光暗调的方向。用鼠标拖住左下角的直线端点（高光点）向右移动，观察下面输入和输出数值的变化，直至输入值为10～15（根据需要确定），输出值为0时为止。用同样的方法拖拽右上角的端点（暗调黑点），直至暗调的输入值为85～90（根据需要确定），输出值为100时为止。在调整时可以看到图像的阶调和颜色随着调整而变化，此时如果将鼠标放到图像的某个位置，在信息面板中会显示调整前和调整后的阶调（颜色）数值。如果还需要调整中间调，还可以用鼠标拖拽直线的中间位置，将图像提亮或减暗。调整完毕点击确定键结束。

如果所调整图像的模式是RGB或灰度模式，则高光和暗调的方向与上述方向相反，左面是暗调（RGB数值小为暗调），右边是高光（RGB数值大为亮调），而阶调的变化范围为0～255，因此按上述方法调整时的数值应该乘以2.55，即10%对应25.5，90%对应229.5，其他的调整方法一样。

图1－17中右图是色阶调整对话框，在对话框中显示出图像色阶的直方图，即图像像素的颜色或阶调分布图。横坐标为阶调数值，纵坐标为对应该阶调的像素数量。直方图上方是输入值（调整前的阶调值），下方是输出值（调整后的阶调值），阶调值的变化范围为0～255。在各种图像颜色模式下，0都对应于暗调，255对应于高光，如直方图下面的灰梯尺所示。可以用鼠标拖拽暗调的黑三角向右移动，直至输入值从0改变为26～38（根据需要确定），对应10%～15%网点的区域；拖拽右边的白三角向左，直至输入值从255变为217～225（根据需要确定），对应85%～90%网点的区域。也可以直接在上面的高光和暗调输入数值框中输入以上的数值，直方图中的三角滑块也会随着移动，作用相同。在调整的同时，图像的阶调和颜色也会随着改变。还可以拖拽中间的三角滑块，改变图像中间调的层次。调整完毕，点击确定按钮。

经过这样调整后的图像效果如图1－18所示，虽然图像中高光和暗调的层次都有所减少，但图像的中间调清晰，对比度高，仅仅是压缩了阶调范围。图1－19是未进行定标，但由于印刷的网点丢失和网点扩大得到的结果。图像中高光和暗调由于印刷出现了丢失和并级，而由于中间调层次没有被拉开，图像显得很平，高光不亮，暗调层次丢失，中间调层次少，从鹰的脖子和前胸的黑色羽毛可以看出明显的差别。

图1－18　经过图像定标后的印刷效果

图1－19　图像没有定标的印刷效果

应该指出的是，在可能的情况下，图像的定标应该尽量在扫描原稿时进行，在 Photoshop 中尽量少调整，因为过多的调整会造成图像阶调的损失。如果需要调整，阶调的调整应该尽量在 RGB 模式下进行，在 RGB 模式下调整阶调，在转换为 CMYK 时对阶调还可以有所补偿，而在 CMYK 模式下进行调整所造成的损失就没有补偿的余地了，因此在 CMYK 和灰度模式下只应该做少量的颜色和阶调调整，不应该做大幅度的定标和阶调调整。

（2）加网线数的确定

加网线数并不一定越高越好，还根据印刷条件和承印物性质决定。尽管加网线数高可以提高图像的精细程度，但加网线数越高，相应的网点越小，印刷越困难，越容易丢失网点，换句话说，就是能够复制的阶调范围越小。如果本来可以复制 10% ~90% 的阶调范围，由于提高了加网线数，结果只能复制 18% ~82% 的阶调范围，仍然得不到好的复制结果。

由于丝网印刷的承印物范围非常广泛，各种承印物的印刷适性差别很大，配合各种承印物所使用的油墨也有很大差别，所以加网线数的多少不能一概而论，要根据实际情况而定。一般来说，丝网印刷的加网线数在 30 ~80lpi 之间。

另一方面，加网线数的高低与印刷品的观察距离有关，观察距离越近，就应该使用较高的加网线数，观察距离远，没有必要使用高线数加网。例如大幅面广告，观察距离都在数米以外，较粗的加网线数也看不到网点的颗粒，就没有必要高线数加网，更重要的是保证图像的层次，有较高的对比度。

（3）在绘图软件和组版软件中设置的图形颜色不能太浅

颜色太浅会由于网点太小而丢失，造成颜色不准。如果必须浅颜色印刷，则可以考虑使用浅颜色的专色，这样可以避免网目调印刷。另外在绘图软件和组版软件中绘制的图形和线条颜色要考虑尽量不叠印，因为丝网印刷的套印精度不高，细线条会由于套印不准而错位，变成了其他颜色。

❖注意事项❖

①拷贝操作必须在暗室或在安全灯下操作，不如明室操作方便，所以在操作前要计划好操作步骤，要将所有需要的材料和工具准备好，避免因暗室操作看不见而造成操作失误。

②拷贝时要注意原稿片的药膜面（乳剂层），要将原稿的药膜面与感光胶片的药膜面相接触。

1.2.3 使用投影放大设备制作成套底片

❖学习目标❖

了解投影放大制作晒版底片的相关知识，掌握用投影设备制作成套底片的技能。

❖操作步骤❖

①对照生产通知单的要求和活件的具体情况，制定制作工艺。

②计算输出膜版胶片的尺寸和加网参数，以及投影放大的倍率。

③用计算机和应用软件制作和设计版面的内容，制作方法参看底片制作步骤。与常规制作方法不同的是，在计算机上制作的各项内容都是印版上所有内容缩小相同倍数的大小，因此所有制作的元素都必须事先按放大倍率计算好。可以采用两种方法制作：

a. 按照印版尺寸原大制作，在输出胶片时按比例缩小，由计算机在输出时统一计算缩放倍率。用这种方法制作时，唯一需要计算的是底片中图像的分辨率，可以按照缩小后的尺寸或倍率估算。

b. 事先按放大倍率计算出所有版面元素的尺寸，输出胶片按 1∶1 的比例输出。这种制作方法适合于制作版面中元素数量较少、计算不复杂的情况。

④输出膜版胶片。

⑤将膜版胶片安放到投影放大机的原稿架上，按投影放大倍率调整投影放大机，将摄影版架调整到合适的位置，放大倍率可以直接从投影放大机的滑轨刻度上读出。

⑥调整投影机焦距，使投影屏上的像清晰。设置曝光量和曝光时间。

⑦在暗室中将感光胶片药膜面面向镜头安装在投影屏上。

⑧开启光源，打开镜头盖，进行曝光。

⑨曝光完毕，盖上镜头盖，关闭光源。

⑩显影胶片。

⑪定影胶片。

❖相关知识❖

投影放大制作底片的原理。

（1）投影放大机

为解决大幅面户外广告底片的制作问题，国内已研制出放大底片的投影放大机，可以实现诸如原稿尺寸为 32 开以下任意大小，投影放大镜头焦矩为 360mm，放大倍率为 3 ~ 10 倍，感光材料采用常规制版胶片，最大幅面达 1.6m × 3.5m 等功能。经投影放大的底片已经达到印刷尺寸，经显影冲洗后，就可与网印膜版密合，晒版、显影、干燥后，即可进行手工或半自动大幅面广告印刷。

不过，采取这种制网版工艺需要大幅面胶片和进行大幅面网版制作的晒版设备，底片费用高，且不好保存。若采用激光照排进行底片制作，即使能分色出 2m × 3m 大幅面底片，成本也不会太低。

投影放大机主要由投影主机和底片架组成，底片架与主机的距离可调，根据底片的放大比例调整投影距离，如图 1 - 20 所示。投影主机主要由机座、镜头、原稿架、光源、驱动机构和自动控制系统构成。

投影放大设备的原理就如同是幻灯机，小幅面的阳图胶片就相当于幻灯片。

（2）投影放大原理

投影放大是将制作好的小幅面阳图胶片作为原稿，将原稿的图文投影放大到涂有感光胶的大幅面底片上，经适当的曝光和显影后，制成丝网制版用大幅底片。

投影放大机的结构原理也是利用透镜成像原理。

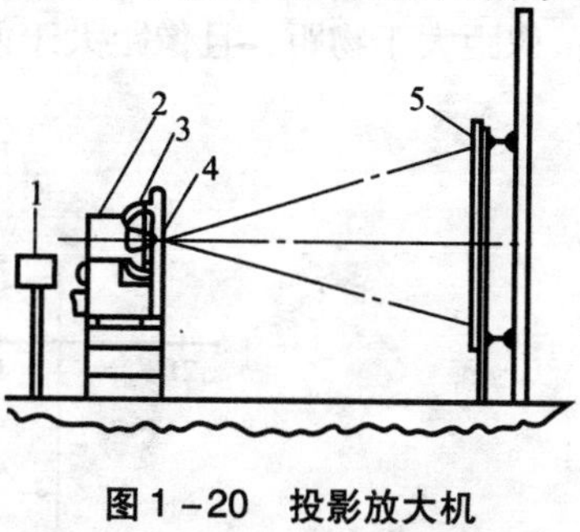

图 1 - 20　投影放大机

1—控制台；2—灯箱；3—胶片夹；4—镜头；5—摄影板

对光的原理按照透镜公式：

$$\frac{1}{f}=\frac{1}{p}+\frac{1}{q}$$

式中 f——透镜的焦距；

p——物距，即镜头与原稿的距离；

q——像距，即镜头与胶片（感光版）的距离。

变换物距、像距可以得到大小不同的清晰影像，由于原稿尺寸规格不同，对光分为原尺寸对光、放大对光和缩小对光三种。

原尺寸对光：设原稿长为 a，影像长为 b

则：倍率 $$m=\frac{b}{a}=1$$

根据透镜公式得下列关系：

$$p=q=2f$$

即可得知：原尺寸对光时物距与像距相等，其数值等于两倍焦距，如图 1－21 所示。

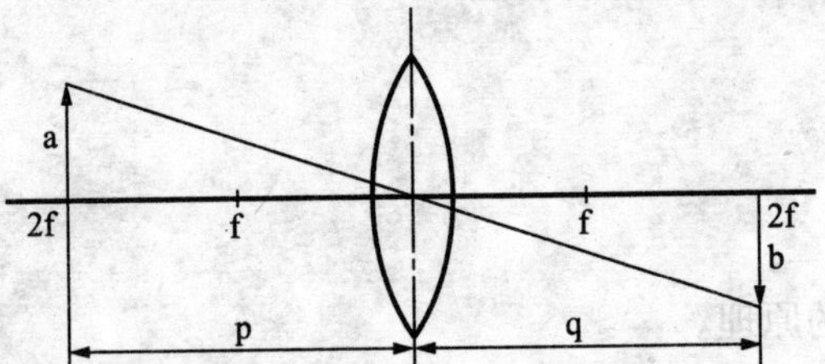

图 1－21　原尺寸对光示意图

放大或缩小对光：设原稿长为 a，影像长为 b

则：倍率 $$m=\frac{b}{a}\neq 1$$

按透镜公式及相似三角形各对应边成比例的性质，有下列关系：

$$q=f\ (1+m)$$

$$p=f\left(1+\frac{1}{m}\right)$$

当 $m>1$（放大对光）时，则：$q>p$ 及 $q>2f$、$p<2f$

即：像距大于物距，且像距大于两倍焦距，物距小于两倍焦距，如图 1－22 所示。

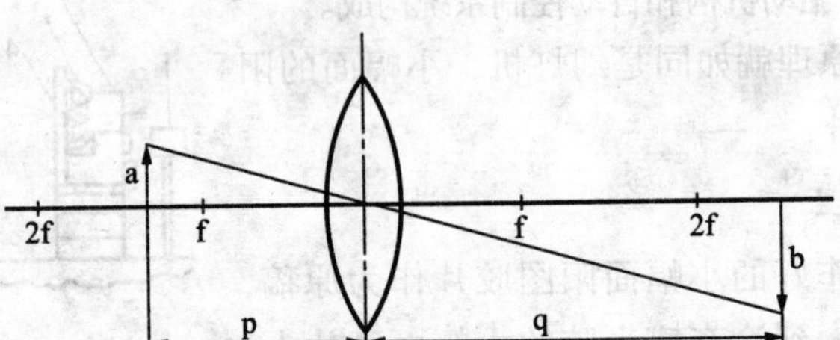

图 1－22　放大对光示意图

当 $m<1$（缩小对光）时，则：$p>q$ 及 $p>2f$、$q<2f$。

即：物距大于像距，且物距大于两倍焦距，像距小于两倍焦距，如图 1－23 所示。

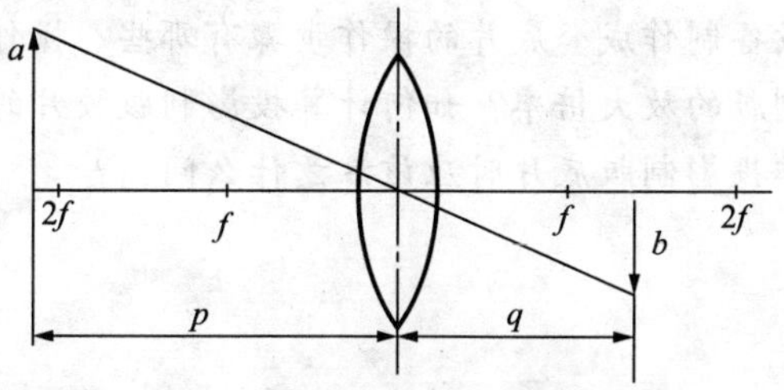

图 1－23　缩小对光示意图

❖注意事项❖

①在计算机上设计制作时一定要注意尺寸的缩放倍率。

②因为投影放大机要将膜版胶片的内容放大数倍，因此投影制版的膜版胶片精度一定要高，设计制作的尺寸要准确，任何微小的偏差都会被投影放大数倍乃至数十倍。

③由于投影曝光的时间一般较长，因此在曝光期间不能有明显的移动和震动，避免底片的图像模糊。

本章复习题

1. 选择加网线数的根据和原则有哪些？

2. 调幅加网的三要素是哪三个？三要素对印刷的影响是什么？

3. 如何检验调幅加网的加网线数？检验的步骤是什么？请举例说明。

4. 对于方形调幅网点，如果两个网点之间能够容纳一个边长相同大小的网点，该网点面积百分比为多少？

5. 扫描仪有哪几种类型？各类型的扫描仪都有什么特点？性能如何？

6. 何谓栅格图像处理器（RIP）？它的主要作用是什么？

7. 制作彩色分色底片的工艺过程都有哪些？请说明制作的过程。

8. 彩色桌面出版系统使用的应用软件都有哪些？请至少举出三个软件的名称，并说明这些软件属于哪一类，主要功能和作用是什么。

9. 请说明为什么要用组版软件或图形处理软件进行组版，而不是在 Photoshop 中制作所有的页面内容。

10. 输出彩色网目调页面时应该如何操作？都要有哪些重要设置？

11. 底片的加网线数和加网角度是如何设置的？是在制作的哪个步骤、通过什么方式实现的？

12. 感光胶片有哪些特性？选择感光胶片时应该注意哪些技术参数？各参数的作用是什么？

13. 晒版用底片的实地密度一般要求达到多少？

14. 什么是照排机的线性化？线性化的作用是什么？

15. 为什么要对图像定标？定标的作用是什么？对图像进行定标的规范方法是什么？
16. 请说明在 Photoshop 中对图像定标和进行阶调调整的方法和步骤。
17. 进行胶片拷贝的步骤有哪些？在操作中应该注意什么问题？
18. 使用投影放大设备制作成套底片的操作步骤有哪些？操作中应该注意什么问题？
19. 如何计算投影制版的放大倍率？如何计算投影制版胶片的加网线数？
20. 在计算机中制作投影制版底片时应该注意什么问题？

2 膜版的制作

本章提示

了解高精度印刷对丝网性能的要求，高精度印刷网版的技术要求，各种绷网机的特点及性能比较，厚膜版的特点及应用掌握选择高精度印刷用丝网绷制高精度印刷用胶确定厚膜涂胶技术的技能。

2.1 准备绷网

2.1.1 选择多色网目调印刷用丝网和网框

❖学习目标❖

学习了解加网线数与丝网目数的关系，掌握选择多色网目调印刷用丝网和网框的技能。

❖操作步骤❖

(1) 选择丝网

①计算需要印刷的最小网点，计算公式为：

$$d = 1.1284\frac{\sqrt{t}}{L}$$

式中 d——需印的最小网点直径（μm）；

t——网点面积百分比；

L——加网线数（线/厘米）。

例如：需印 85 线/英寸（34 线/厘米）的网点，阶调范围为 20% ~80% 的印品，则

$$d = 1.1284\frac{\sqrt{0.2}}{34}$$

经计算得出 $d = 150$（μm）

②计算或查表得出能印出最小网点所需的丝网规格，能印的最小网点的直径的计算方法，目前有 4 种，具体见表 2－1。

表2-1　丝网能印的最小网点的直径公式及举例

计算公式	丝网规格			
	355S 涤纶网		355T 涤纶网	
	d（μm）	A_d（%）	d（μm）	A_d（%）
$d_1=\sqrt{2}\ (1+MD)\ /M$	146	28	153	22
$d_2=2\ (D+M)$	140	27	140	21
$d_3=2D+M$	102	18	107	13
$d_4=3D$	96	20	111	14

表中的 d_1、d_2、d_3 和 d_4 分别表示4种公式算得的最小网点直径，D 为丝网的丝径，M 为丝网孔径，A_d 为丝网上高光区最小网点的能印面积率。能印面积率是指网点内通孔面积与网点面积的比率，以百分比表示，其值与网点在丝网上的位置有关。

用公式计算有关丝网能印的最小网点直径及其最小能印面积率，并将结果列入表2-2中，例如通过对需印的150μm网点直径的比较，可知355S、355T、380S及380T四种丝网都可作为首选对象。

表2-2　网目调印刷用丝网的有关参数

目数（目/英寸）	孔径（μm）	丝径（μm）	网孔面积率（%）	最小网点直径（μm）	网点最小能印面积率（%）
305S	40	32	36.6	163	34.4
305T	45	37	30.1	170	28.7
330T	40	37	27.0	161	25.6
355S	38	32	29.5	146	27.4
355T	33	37	22.2	153	22.3
380S	34	32	26.5	140	26.0
380T	30	37	20.1	147	20.8

③丝网目数与底片加网线数合理匹配。

丝网目数：底片加网线数常为5∶1～7∶1

④将上述所选的丝网与网点部分相叠，观察龟纹情况，选择其中龟纹最少的一种。

⑤采用橙色丝网。

（2）选择网框

①使用坚固、不变形的金属网框，多采用标准、钢性强的铝制网框。

②一套彩色网目调印版的网框尺寸要相同。

建议的网框尺寸如表2-3、图2-1所示。

表2-3　网框尺寸参考

A 幅面 DIN	A 可印刷面积/mm	B/B1 置墨侧/上/mm	C/C1 网框内尺寸/mm	铝截面和壁厚/mm	不同壁厚的铝截面/mm	钢截面和壁厚/mm
A4	210×300	150/150	510×600	40/40 2.5～3.0	40/40 2.0～2.5	40/40 1.5
A3	300×420	150/150	600×720			
A2	420×590	150/150	720×890			

续表

A 幅面 DIN	A 可印刷面积/ mm	B/B1 置墨侧/上/ mm	C/C1 网框内尺寸/ mm	铝截面 和壁厚/ mm	不同壁厚 的铝截面/ mm	钢截面 和壁厚/ mm
A1	590×840	160/160	910×1160	40/50 3.0	40/50 3.0/2.0	40/50 2.0
A0	840×1180	180/180	1290×1540	40/60 3.0	40/50 4.5/2.0	
	1200×1600	200/200	1600×2000		60/40 6.0/3.0	
	1400×1800	220/220	1840/2240		80/40 6.0/3.0	
	1600×2100	250/250	2100×2600		100/40 6.4/3.0	

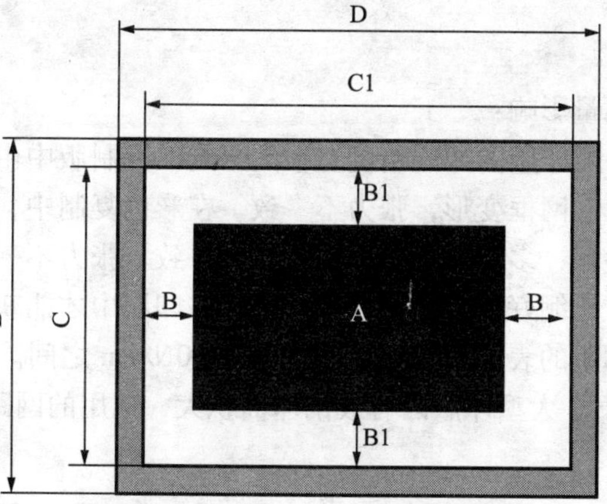

图2－1　网框尺寸标示

❖相关知识❖

丝网目数与加网线数的关系：

丝网目数、加网线数配比不当会引起龟纹的产生。丝网目数与加网线数之比较高时，龟纹会出现在高光区域，随之比率下降，龟纹将蔓延到各个色调区域。选用5∶1目/线匹配，龟纹效应基本不存在。只要比率高于5∶1就能获得很好的效果，目前常用比率为5∶1～7∶1。若低于5∶1的应当避免小数点后第一位数为偶数，如5.0、5.2、5.4等，如果能够保证小数点后的十位数和百位数为奇数会更好。比率呈现奇数时可以将纹理分散，以使肉眼察觉不到纹理的变化。

❖注意事项❖

选择丝网的目数较高会影响油墨的通过性。在进行网目调印刷时，在条件允许的情况下应该尽量选择网目数高的丝网，这对提高印刷精度、避免龟纹有利。

2.1.2 检验绷网机的性能

❖学习目标❖

了解网框对网版质量的影响，掌握检验绷网机性能的技能。

❖操作步骤❖

检验绷网机性能的步骤：

①机械式绷网机，首先检查绷网夹具的形式、杠杆和齿轮齿条运行是否正常。

②气动式的，先检查压缩空气的气源，驱动气缸活塞、网步、推动网夹做纵横方向相对的收缩运动情况，应对丝网产生均匀一致的拉力。

③检查组合多夹头、拉网器和必要的配气装置与气源。

❖相关知识❖

网框对网印版的质量影响：

网框的质量不好，对印版的印刷精度有很大影响。在制版中由于网框质量不好，绷网后表面张力发生变化引起网框变形，张力不一致。在彩色复制中，丝网的表面张力数据稳定很重要。多色套印叠印，多块印版必须保持张力一致。张力不一致就会套印不准，图文虚混。网框的使用标准，绷好网之后网框不变形，在印刷中才能获得高精度的印刷产品。

在通常情况下，印版的表面张力应保持在16～20N/cm之间。各色印版套印张力允许误差应在0.5N/cm以下。大型印版因有效刮印面积大，选用的网距也相应的要加大。

❖注意事项❖

在制作多色网目调网版时，各色版的绷网张力要尽可能一致，这对套印的套准很重要。网目调印刷对套印精度要求很高，各色版张力不一样时，在印刷时会造成由于变形带来的套印误差。

2.2 绷网

2.2.1 确定绷网角度

❖学习目标❖

通过学习了解绷网角度的选择依据，掌握确定绷网角度的技能。

❖操作步骤❖

选择绷网角度的步骤：

①将晒版底片置于看版台面，打开看版台内置灯。

②仔细观察底片，有下列情况，必须采用22.5°绷网。

a. 有回环的边框线；

b. 印刷画面中有多条互相平行的线条；

c. 满版的细小文字；

d. 条形码。

③印刷高分辨率的印刷电路板时，由于使用的丝网目数高，绷网角度应选择45°。

❖相关知识❖

绷网角度的选择依据：

绷网角度是指丝网的经、纬线（丝）与网框边的夹角。绷网有两种形式，一种是正交绷网，另一种是斜交绷网。

①正交绷网。正交绷网是丝网的经、纬线分别平行和垂直于网框的四个边。即经、纬线与框边呈90°（如图2－2所示）。采用正交绷法能够减少丝网浪费。但是，在套色印刷时采用这种形式绷网制版容易出现龟纹。

②斜交绷网。采用斜交绷网（如图2－3所示）有利于提高印刷质量，所以套色印刷应当采用斜交绷网。对增加透墨量也有一定效果。其不足是丝网浪费较大。

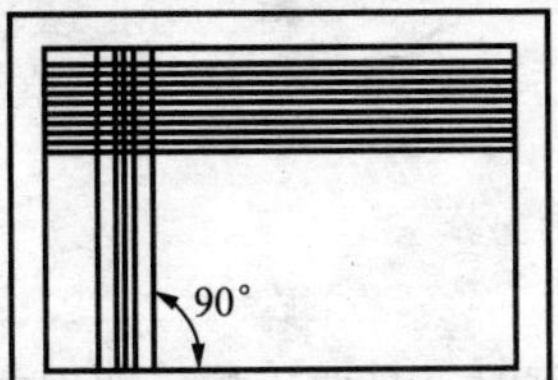

图2－2　正交绷网

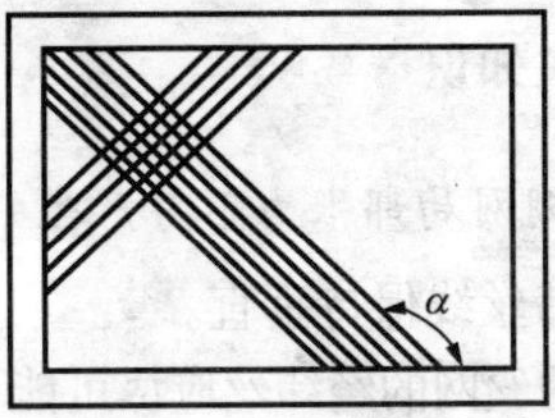

图2－3　斜交绷网

在印刷精度要求比较高的彩色印刷中，有时采用斜交绷网法。绷网角度的选择对印刷质量有直接的影响，绷网角度选择不合适，就会出现龟纹。所以，一般复制品的印刷，常采用的绷网角度是20°～35°，在印刷高分辨力的线路板时，由于使用的丝网目数较高，所以绷网角度选择45°比较合适。当然这种角度的选择要与分色底版的角度相匹配，才能有效地防止龟纹。

❖注意事项❖

在绷网中，一般都采用正交绷网，因为斜交绷网浪费网布，高目数精密丝网版才应用斜交绷网。

斜交绷网在分色加网底片的制版中，注意加网角度和绷网角度的关系。两种角度要配合得当，否则会出现龟纹。

2.2.2　排除局部张力不匀等故障

❖学习目标❖

了解绷网局部张力不匀的原因，掌握排除局部张力不匀等故障的技能。

❖操作步骤❖

排除局部张力不匀等故障的步骤：

①用张力计检测网版中心和四角的张力值。

②发现网版局部张力不匀故障。

③分析产生故障的原因（见表2-4左）。

④针对产生原因，采取相应措施（见表2-4右）。

表2-4 绷网局部张力不匀故障原因及排除

产生原因	排除方法
夹头配置间距不等	调整夹头间距，使其等距离
相对夹头未对正	对边夹头调整对整齐
丝网嵌进绷网夹头不均匀	丝网经纬线与网夹边保持平行
绷网时拉力不均匀	绷网拉力要均匀、平稳
网框有形变	检查网框有形变换框

❖相关知识❖

(1) 绷网局部张力不匀产生的原因和消除的方法

①经纬丝线保持垂直。

绷好的丝网的经纬丝应尽可能与网框边保持垂直。绷网时一是要正拉，即力向与丝向保持一致。若斜拉会出现类似于图2-4那样的丝向不一；二是被网夹夹持着的丝网拉伸时能横向移动，即每根网丝能做垂直于拉力方向的平行移动，见图2-5。其中左图为拉网前的情况，中图为网夹能横移的拉网，右图为网夹不能横移的拉网。要保持丝向的完全一致，需要一丝一夹地横移的拉网设备，这在机械上几乎是不可能的事，只能要求丝向变化尽量的小。

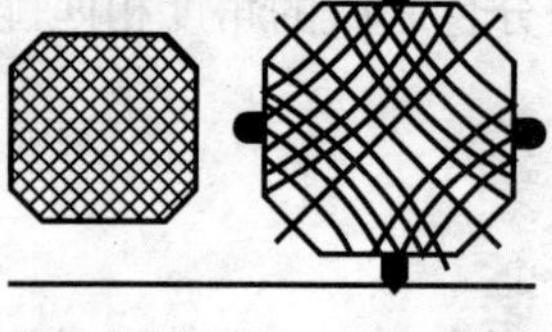

左图—拉伸前　右图—拉伸后

图2-4 斜拉网的变形

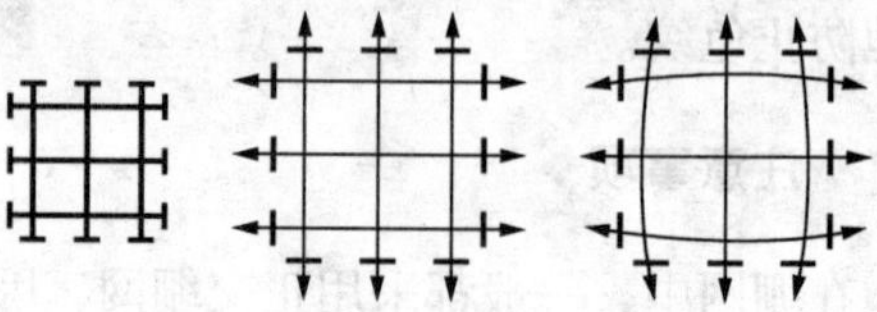

图2-5 能（否）横移的拉网

②网面张力要均匀。

整个网版网面上的张力均匀度，即张力在网面上分布的均匀程度。它取决于绷网装置和绷网方式，绷网装置的质量水平及丝网线性能的均匀程度等。它要求丝网的每根丝线所受的拉力都必须相等，如图2-6右图所示，而且丝网在张力的作用下所发生的拉伸变形都在弹性限度内。要求丝网张力均匀度的最终目的是保证丝网拉伸的均匀性，以保证印版图像的相对稳定性，防止印版图像在印刷时发生形变。如图2-6左图，丝网的每根网丝只有具有均匀和一致的性能，才能保证丝网在均匀的张力作用下产生均匀的变形。实际生产中，无论采用什么形式的绷网机，其四角的张力都会大于中央区域。为了使图文部位张力均匀，必须使绷网夹分布的长度短于丝网的边长，这样在四角上就会形成弱力区。在生产中，一次同时绷粘数个网框也可以使绷网张力大体上均匀一致。

③防止松弛。

绷好的网版，其张力应不变或少变。实际上，人们常会发现时间长久网版会变松或越用越松，存在着张力下降的现象。产生这种现象的原因很多，其中两点与绷网有关，即网框变形和丝网的张力松弛。

为减小绷网后的张力衰减，应采取“持续拉网”和“反复拉紧”的绷网方法，使一部分张力松弛于固网前完成。即使是铝制或钢制的网框在绷网拉力下也会产生变形，可以用两种办法避免网框弯曲造成张力的损失。即在绷网的同时，网框预先受力或者绷网之前预先受力。

（2）网框的预应力处理

绷网后由于网框的弯曲变形会对丝网的张力稳定性产生影响，为减小这种影响，可对网框做预应力处理。

①根据拱形结构的强度原理，将网框制作成如图 2－7（a）那样的凸形，其挠度约 4mm/m，每个内角略大于 90°；或者将已制成的金属框，用特殊工具拉伸成此形，此种预变形处理能抵抗丝网拉力的影响。

②在做气动拉网的同时做预应力处理，即拉网器的前端紧顶着框架四周外侧，网框受到顶力的作用而弯曲如图 2－7（b）所示，而当固定网时，网框受力面虽由外侧移到上面，但受力方向和大小基本一致，因此不再增加弯曲。由于这些优点，气动绷网机成为目前国内外最为流行的绷网设备。

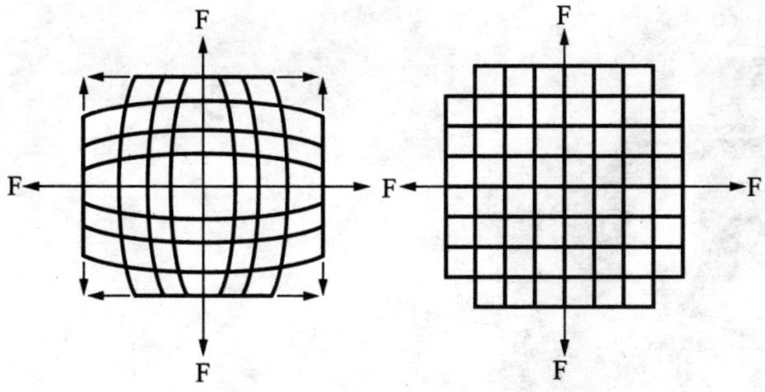

图 2－6　张力均匀度图

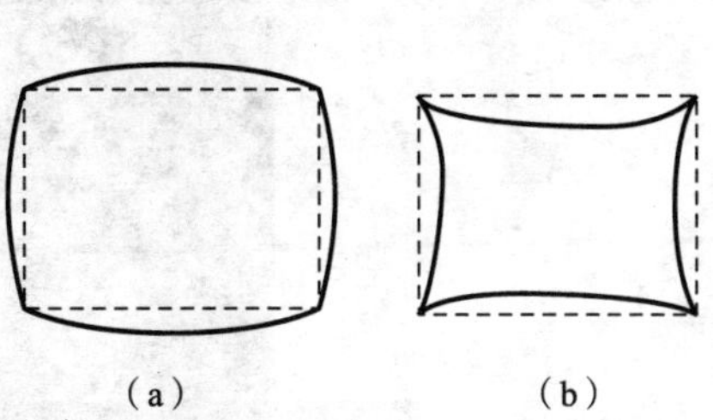

图 2－7　网框的预应力处理

❖**注意事项**❖

为获得均匀一致的绷网张力，必须注意以下各点：

①网框在拉力为 5～7kgf 时具有稳定不变形的特点。

②夹钳数量配置合理咬口松紧一致，防止丝网拉伸时松动。

③张力的设定应根据丝网材料、目数、编织方法及物理特性设定。

④绷网时张力的增加不宜过急，要循序渐进分次完成，每次间隔 5～10min。

⑤绷好的丝网在使用前，要静置 48h，待张力稳定后使用。

2.3 准备涂布感光胶

2.3.1 检查自动涂布机的工作状态

❖学习目标❖

学习了解自动涂布机的结构、性能和操作方法。掌握检查自动涂胶机工作状态的技能。

❖操作步骤❖

①检查和调整自动涂布机工作状态。
②固定好网框。
③刮胶斗注胶。
④开机涂布。
⑤检查感光胶厚度均匀性。

❖相关知识❖

全自动涂胶机主要由门形机座、网框固定架、双刮胶斗及其升降装置、自动控制装置等部分组成，其外形如图 2－8 所示。涂胶时，只要将网框固定在网框架上，对齐两面的刮胶斗，设置涂布行程和各面的涂布次数，就可自动进行涂布，而且可以一次自动双面涂布。这种涂胶机的网框固定不动，由刮胶斗上下移动涂胶。全自动涂胶机的特点是：涂胶厚度一致，质量稳定，效率高。

图 2－8　自动涂胶机

表 2-5　涂布机技术参数例举

网框宽度	1000～3000mm
涂布速度	500～650cm/min
电脑程序	双面、单面、涂布次数等
涂布允许误差	1μm
电源	220V，10A，1kW，50/60Hz
压缩空气	6bar，10lit/min
机械尺寸	600mm×2000mm×2000mm

❖注意事项❖

铝制上浆器很容易被损坏，电镀钢很短时间，便发生氧化，会破坏感光乳剂伴随而来产生泡沫或结皮。如果感光乳剂在铝制的上浆器放置几小时后也会发生此现象，使感光乳剂不能再次使用。

2.3.2　选择直接法、间接法、直/间法制版用感光膜片

❖学习目标❖

通过学习了解直接法、间接法、直/间制版法的区别，掌握选择用感光膜片的技能。

❖操作步骤❖

选择感光膜片的步骤：

①了解本次业务技术要求

②确定膜片型号。

k1：用于 0.1mm 以下线条制版。

k2：用于大于 0.1mm 的线条制版。

k3：主要用于电路板、标牌的制版。

k4：主要用于厚墨层印件制版。

❖相关知识❖

（1）网印制版用感光膜的特征

这种膜是感光材料预先被涂布到片基（常用涤纶胶片厚 0.06～0.12mm 左右）上，这类胶片叫毛细感光膜片，也有人按译音叫“菲林”。毛细的意思是具有毛细作用的感光膜。毛细作用表现在制片过程中，当感光膜遇到湿润的丝网时，被微溶的胶膜与丝网间发生毛细现象，即溶胶与丝网紧密结合，胶液向丝网四周吸附而包住丝网，使胶膜与丝网结合得更加牢固。“毛细感光膜片”就是具有毛细作用的感光膜。需要时，剪下合适的尺寸与阳图底片曝光后显影形成图像，并将之转贴到绷好的丝网上，这种制版方法就是间接法。

感光膜先贴到丝网上，再涂布感光胶，然后与底片密合曝光、显影成像这种制版方法就是直/间法。

(2) 感光膜片的类型

感光胶膜目前国内市场上有三种，类别如下：

①无光敏性的胶膜（国内南方生产的菲林膜多属此类）。这种膜片上已经预涂有明胶类高分子成膜物，在使用时需要用重铬酸盐类的光敏剂进行敏化处理后，使其具有感光性，晒版后转贴于丝网版面，此工艺即为间接制版法，或先贴于丝网版，再涂以感光胶，感光胶中的光敏剂渗透入无光敏性胶膜，使其具有感光性，经晒版制成印版，此工艺即为直间法。

②有感光性的胶膜（国外称毛细菲林膜），此种胶膜在贴膜时用清水转贴即可。不需用敏化剂处理，烘干后，撕掉涤纶片基，就可以晒版曝光，清水显影后即成印版。

③有感光性的如同浮雕胶片一样的胶膜，晒版曝光时必须将阳图底片膜面密合于胶膜片的背面（片基面），晒版曝光后，经配制的显影液显影、水洗后，在尚未干燥的情况（湿膜时）转贴，操作难度较大。

(3) 感光膜根据不同用途，有不同的规格

①K 型感光膜有四种规格 1#、2#、3#、4#，用途如下所示。

1#：感光膜片厚 1 ~ 1.4 丝（0.010 ~ 0.014mm），主要用于精密仪表、表蒙、面板、刻度板等。丝印 0.1mm 左右精细线条。

2#：感光膜片厚 1.8 ~ 2.2 丝（0.018 ~ 0.022mm），主要用于线条 0.1mm 以上各种面板、标牌、刻度板、字符、阻焊印料等。

3#：感光膜片厚 3.5 ~ 4 丝（0.035 ~ 0.04mm），主要用于线路板、阻焊印料及有立体的各种版面、标牌、刻度板等。

4#：感光膜片厚 5 ~ 6 丝（0.05 ~ 0.06mm），主要用于元器件加厚的各种印刷件等。

以上四种感光膜片制作工艺相同，仅 4#膜片敏化贴膜后，在丝网背面重刷二次 K 型敏化剂，以保证敏化透彻。

表 2-6 感光膜片技术性能表

类别 规格	分辨率（m/m）	耐印力（万次）	20 ~ 25℃（显影、分）	曝光时间（1000W 镝灯灯距 60cm）	耐显性（25℃水分）	耐溶剂性
1#	≤0.1	>0.5	2′ ~ 2′30″	2′ ~ 2′30″	>10	耐香蕉水、汽油、苯、甲苯、酮类等有机溶剂
2#	≤0.15	>0.8	2′30″ ~ 3′	2′30″ ~ 3′	>10	
3#	0.15	>1	3′ ~ 3′30″	3′ ~ 3′30″	>10	
4#	0.25	>1.5	3′30″ ~ 4′	3′30″ ~ 4′	>10	

②新型 Capillex CX 毛细感光膜片系统。

Autotype 国际（亚洲）有限公司最近推出一种新型 Capillex CX 毛细感光膜片，这是一种可控制印版厚度的创新产品，适用于各种高精度要求的精密工业应用领域，如导电油墨或抗阻性油墨印刷以及其他对墨层厚度要求十分严格的印刷。与传统的毛细感光膜片不同，Capillex CX 不仅可以提供很薄的墨层厚度，而且可以在 62 ~ 100 目/厘米丝网上控制稳定的印版厚度。这种很薄的印版厚度以及最佳的 R_z 值使复制效果达到一个新的水平。即使采用较低目数或中等目数的丝网，特别是使用高堆积量的油墨时，也能获得清晰的边缘效果和良好的印刷分辨率，其优点如下。

a. 节省油墨用量。Capillex CX 的 4μm 厚度确保了墨层厚度是由丝网控制，而不是由

制版控制。在控制良好的印刷测试中，Capillex CX 的银浆墨层厚度比普通网印版降低 9.6%。

b. 油墨转移效果良好，废品率大大降低。湿压湿的方式涂布感光乳剂，印版的粗糙度（*Rz* 值）就会很高，线条会出现“正向锯齿”，即由于印版与承印物之间接触不良，导致漏墨现象。虽然可以通过在已干燥的乳剂表面再次涂布来解决这一问题，这样做虽然可以降低 *Rz* 值，减少正向锯齿，但是由于 EOM（丝网上的乳剂层或膜版厚度）增厚，又带来了许多其他问题，常常会见到相反的情况——反向锯齿。因为油墨没有很好的覆盖住图像边缘，如图 2－9 所示。

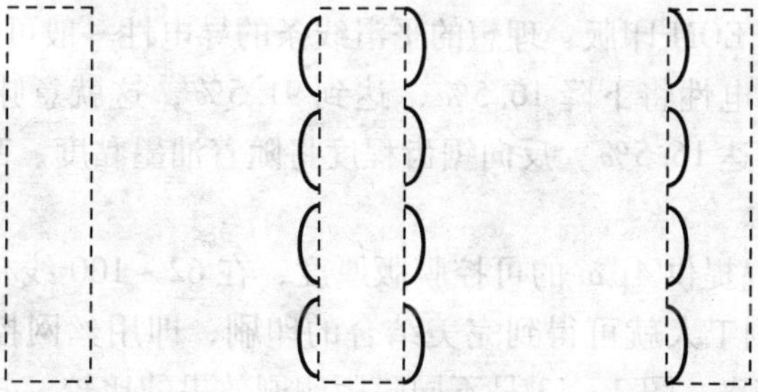

（a）高精度印刷品　（b）正向锯齿印刷品　（c）反向锯齿印刷品

图 2－9　高精度印刷品与带有正向锯齿和反向锯齿印刷品的比较

图 2－10 是用导电银油墨印刷的两种样品的比较。

（a）使用低EOM模版印刷的样品　（b）使用高EOM模版印刷的带有反向锯齿的印刷品

图 2－10　导电银油墨印刷样品

图 2－11 表明了产生这一问题的根源所在。原因很简单，使用的刮板和覆墨板不能很好地填充大面积的丝网版，因此导致油墨不能很干净地转移到承印物上。这种问题通常发生在丝网版上图像的横向处，图像边缘出现“老鼠咬过”的现象。在四色印刷中，这一问题往往被忽略。

（a）　（b）

图 2－11　反向锯齿

反向锯齿往往仅作用于与刮板运行方向平行的图像上边缘。

可以计算出用边缘很厚的印版印刷出的导电图形的导电性以及是否有反向锯齿。Autotype Line Edge Demonstrator 进行了这样的计算。图 2－12 为所得到的测试值。

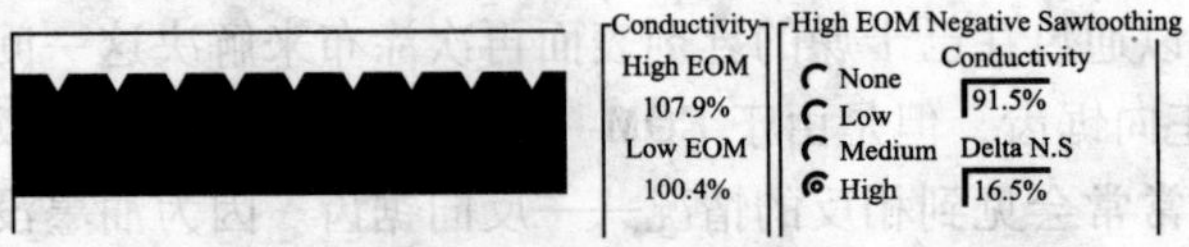

图 2－12　厚边缘及反向锯齿对导电性的影响

该界面表明使用高 EOM 印版，理想的平滑线条的导电性一般可达到 107.9%，如果出现严重的锯齿现象，导电性将下降 16.5%，达到 91.5%，这就意味着生产中横向线条与纵向线条的电阻差别可达 16.5%，反向锯齿程度将随着油墨黏度、刮板压力、角度、速度而变化。

c. Capillex CX 可以提供 4μm 的可控膜版厚度，在 62～100 线/厘米的丝网版上印刷，*Rz* 值为 7μm。这样印刷工人就可得到完美结合的印刷，即用丝网控制墨层厚度，用膜版控制边缘清晰度和分辨率。图 2－13 是不同膜版印刷效果的比较。

d. 因为 Capillex CX 具有柔韧性、耐溶剂性和耐腐蚀性，所以薄而平的膜版仍能承受最恶劣的生产环境，异常坚固。

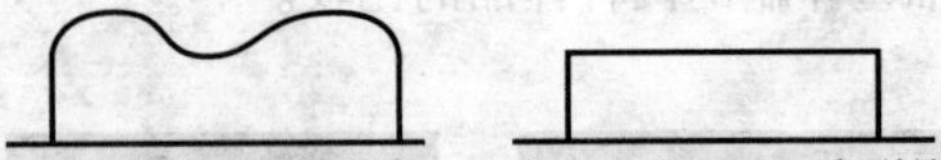

（a）传统印版印刷品　　（b）Capillex CX 印刷品

图 2－13　不同膜版印刷效果的比较

（4）直接法、间接法、直/间制版法的区别

网印版感光制版法从使用感光材料角度分类可分为三种：

①直接法。用感光胶涂布制版。

②间接法。用菲林膜制版。

③直/间法（混合法）。用感光胶加菲林膜制版。

❖注意事项❖

注意根据所印活件的精度要求、墨层厚度合理选择感光膜片的规格和型号。

2.4　贴感光膜片

2.4.1　在网版上贴实间接感光膜片

❖学习目标❖

通过学习了解贴间接膜片的方法，掌握在网版上贴实间接感光膜片的技能。

❖操作步骤❖

①将曝光显影好的感光膜膜层向上放在垫有吸水纸的玻璃上。
②将前处理好的网版用清水冲洗润湿。
③将丝网印刷面覆盖于感光膜片上。
④在丝网刮墨面铺上4~5张吸水纸。
⑤用软胶辊来回轻轻滚压、吸水，使感光胶膜贴实网面。

❖相关知识❖

间接膜片的贴附方法：

在已经处理好的丝网上，转贴前再用水冲洗一次，使丝网的表面有足够的水膜，将胶片乳剂面与丝网贴合，放置时尽量不要出现气泡，对于大张的胶片，可将网框斜立着，将胶片从下向上固定好。如果要想进行多色套印需在丝网指定位置放置胶片时，也可事先在网框的四周固定好规矩。如果在台上放上平整的纸，进行转贴时，可以吸收胶片贴合时挤出的水分，效果也是较好的。

❖注意事项❖

贴膜时，要注意膜的平整，要从网版中间向四周将膜刮平，并注意将膜下的气泡赶出。

2.4.2　控制烘版温度和时间

❖学习目标❖

了解感光胶的微弱热固效应的原理，掌握控制烘版温度和时间的技能。

❖操作步骤❖

①揭去网面上的吸水纸。
②控制好干燥环节。
a. 吸水后的网版，最好竖起来自然干燥。
b. 若用电风扇或电吹风吹干版面，不宜离版太近，否则会导致干燥不均匀。
c. 可在恒温下（40℃）干燥10min左右。
温度不可过高，时间不可过长，不然会造成感光膜边缘卷曲、脆化和缺乏黏结力。

❖相关知识❖

感光胶的微弱热固效应的原理。

在晒版中有时曝光之后显影困难，版面出现灰雾、显不出影像来。原因是烘版时间过长或烘版温度过高，曝光之后产生曝光过度，显影困难。这是由于感光胶层的微弱热固效应引起的。

常用的感光胶为重氮感光胶，它是由成膜剂改性的聚乙烯醇、光敏剂（感光剂）重氮树脂和助剂三部分组成。感光剂在光的作用下，能起光化学反应导致成膜剂聚乙烯醇聚合光交联的化合物。感光剂的多少决定着感光胶的光感度、分辨率及图文的清晰度。虽然在感光胶中加入助剂，热稳定性较好，但在长时间烘版或高温下烘版，在未曝光之前胶层就微量的产生暗反应（自交联），胶膜失去了亲水性所以显影困难。这是由于烘版中感光层受热感光剂的游离基引发剂在较高温度下，引发自由基形成活性分子与聚乙烯醇进行微交联而失去亲水性造成的。

❖注意事项❖

不同的感光胶和感光膜片对烘干的温度要求也不完全相同，在烘干时要参照感光胶的参数说明，必要时要进行一些试验，找出最适合的烘干温度。

本章复习题

1. 制作多色网目调印版对丝网和网框有哪些技术要求？
2. 丝网目数、加网线数相互关系是怎样的？
3. 什么情况下选择斜交绷网，如何确定绷网角度，斜交绷网对印版质量有哪些影响。
4. 简述绷网张力不匀产生的原因和排除的具体方法。
5. 如何选择感光膜片制版？
6. 如何在网版上贴实间接感光膜片？
7. 控制烘版温度的重要性是什么？
8. 什么是感光胶的微弱热固效应？

3 印版制作

本章提示

了解底片和膜版的角度与产生龟纹的关系，曝光时间与底片密度的关系，抽片装置的类型、结构、工作原理，间接法、直/间法印版的特点；掌握调整网目调各色版底片与膜版的角度，检验晒版机工作状态，鉴定底片质量，根据底片确定曝光时间，排除制版设备故障，用间接法、直/间法制作印版的技能。

3.1 准备晒版

3.1.1 调整网目调各色版底片与膜版的角度

❖学习目标❖

了解底片和膜版的角度与产生龟纹的关系，掌握调整网目调各色版底片与膜版角度的技能。

❖操作步骤❖

调整晒版角度的步骤：

①将制作好的感光膜版印刷面朝上，放到修版台上。

②开启修版台内置灯。

③陆续重叠分色胶片，旋转角度。

④直至在网目线和丝网线之间找到没有“龟纹”效果的角度即为晒版角度。

⑤把斜晒尺平行地放在感光版下方底部，设置斜晒角度。

斜晒版活动尺，设定四个斜晒版数据：

7.5°斜晒版、12°斜晒版、22.5°斜晒版、45°斜晒版（如图3-1所示）。

⑥再将底片图文膜面朝下放到斜晒尺上，用透明胶带将底片固定好进行曝光。

❖相关知识❖

底片和膜版的角度与产生龟纹的关系。

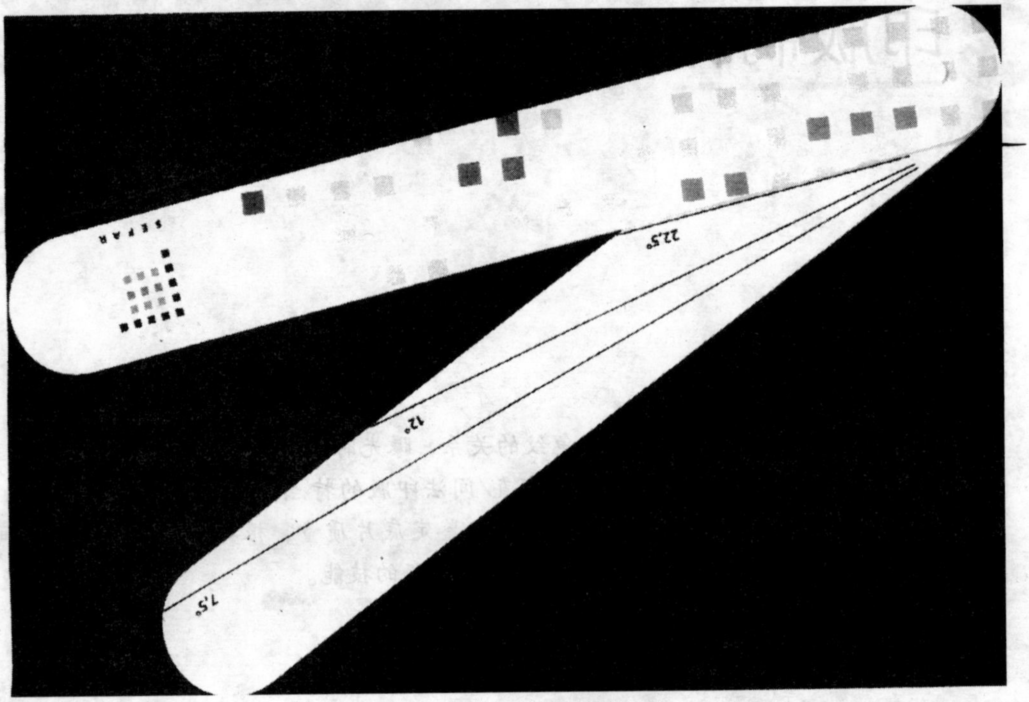

图 3－1　斜晒版活动尺

实践表明，当加网分色正片的网点分布与网孔排列之间有整倍数关系时易产生龟纹，即正片网点排列与丝网的经纬线“十”字交叉点反复重合时，在印刷中有的网点油墨通过，有的网点油墨却受阻，这时就容易出现莫尔纹，为了避免这种情况，在制版加网时应使用 43 线或 51 线这样的质数线数。

高精细网目调印刷的目/线匹配要求在 5:1～7:1。斜晒版是解决目/线不匹配、网版目数低的补救方法。

❖注意事项❖

在晒版中，为了防止龟纹的产生，在原稿的加网线数和网版的网布目数配比达不到 1:5～1:7 的倍率时，可以采用斜交绷网或斜晒版的方法，目的是防止龟纹的产生。

3.1.2　检查晒版机的工作状态

❖学习目标❖

了解光源的光谱、光强度和照度的概念，掌握检验晒版机工作状态的技能。

❖操作步骤❖

检验晒版机工作状态的步骤：

①检查晒版玻璃是否洁净。

②检查橡皮布是否漏气。

③检查光源照度是否均匀。

④使用照度计检查版面中心和周围部位曝光光源照度是否一致。

❖相关知识❖

（1）光源的光谱、光强度和照度的概念

①光源的光谱。

光源光谱中各波长的辐射能量是不一样的，若光源光谱能量的分布是连续的，称为连续光谱；若能量分布由一些密集线构成，称为线状光谱；由连续光谱和线状光谱合成的能量分析叫混合光谱。在照相制版中，为了与感光材料的光谱灵敏度相适应，分色光源应具有连续或混合光谱，而晒版光源则是采用线状光谱光源，光谱中含有较强的300～400nm的蓝紫、紫外光。

②光强度。

光是由辐射体向四周空间作辐射时，不断发生的辐射能。将在单位时间内通过某一面积的辐射能量的大小称为通过该面积的辐射通量，将可见光的辐射通量称为光通量，单位为流明（lm）。

点光源的发光强度是指在单位立体角中发生的光通量，单位为坎德拉（cd）；面光源的发光强度用面发光强度描述单位面积发出的光通量，单位为勒克斯（lx），对同一种光源，功率越大，发光强度也越大。

③照度。

指被照物体单位面积上接受的光通量，单位为勒克斯。

（2）照度与发光强度、灯距的关系

$$照度（E_0）=\frac{l_x}{r^2}（勒克斯）$$

式中　E_0——物体表面的照度；

r——物体与灯光之距离；

l_x——光源发光强度。

由此可知，灯光距离与晒版幅面照度的关系是：光源距离越近，曝光时间越短，工作效率就越高，但是，光源垂直照射的部分与其周围部分的光量差就增大，版面的中心部分曝光过度，周围部分曝光不足，如图3－2所示。

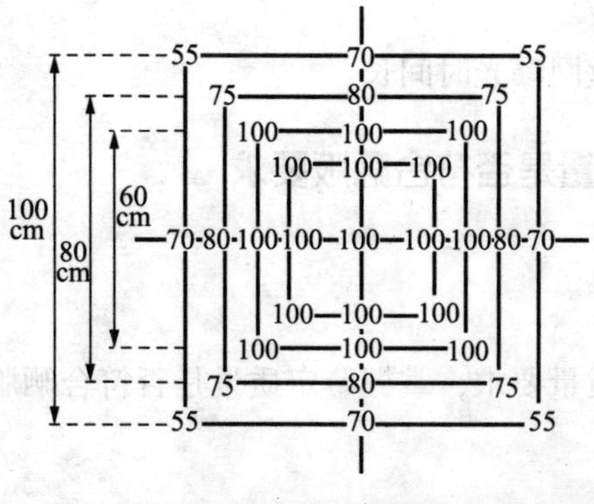

图3－2　晒版的中心部分与周围部分的照度比

感光版的合理照度包括以下几点。

a. 要曝光的面积越大，需要的光源就越强。

b. 从曝光灯到晒版架之间的距离（见图 3－3 中 h_1）至少应该与要曝光面积的对角线（见图 3－3 中 h_2）同样长，或者至少是要曝光图像面积的对角线的 1.5 倍。在任何情况下，光锥体的角度不应超过 60°（见图 3－4）。

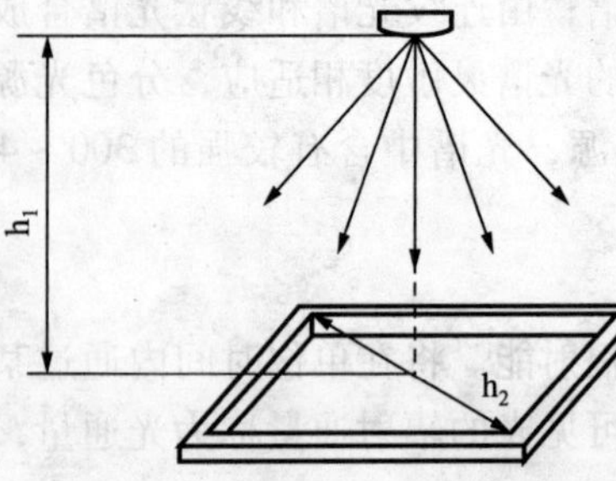

图 3－3　曝光灯与晒版架的距离

h_1—曝光灯与晒版架的距离；h_2—曝光面积对角线的距离

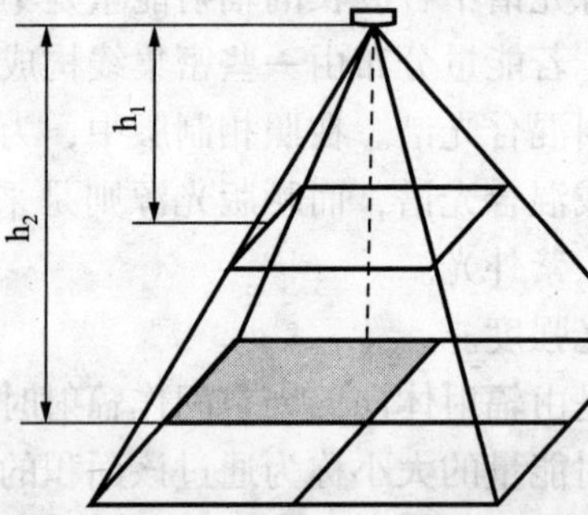

图 3－4　光照强度与增加灯距成平方比例减小

h_1—原灯距；h_2—新灯距

c. 增加曝光灯到曝光面之间的距离（见图 3－4 中 h_2—h_1）。

光的照射强度与增加的距离成平方比例减小。因此，要保持稳定一致的曝光，曝光时间也必须与增加的距离成平方比例增加（见图 3－4）。

计算公式如下：

$$新曝光时间 = \left(\frac{新距离}{原距离}\right)^2 \times 原曝光时间$$

例如：

$$新距离 = 150cm$$

$$原距离 = 100cm$$

$$原曝光时间 = 1min\ (60s)$$

$$新曝光时间 = (150/100)^2 \times 60s = 1.5^2 \times 60s$$

$$= 2.25 \times 60s = 135s$$

❖注意事项❖

染色丝网需要比白色丝网曝光时间长。

3.1.3　鉴定底片质量是否符合晒版要求

❖学习目标❖

了解网印晒版底片的质量要求，掌握鉴定质量是否符合晒版要求的技能。

❖操作步骤❖

检验底片质量的步骤：

①把处理干净的底片正面朝上，平放在看版台上。

②打开看版台内置灯。

③目测或用放大镜（10～15倍）检查底片。

a. 对照付印样检查底版的图像有无下列现象。

（a）说明文字有无错写；（b）有无丢漏说明文字；（c）说明文字搞错；（d）移动位置有错；（e）翻白、套合文字不好；（f）调子修得不完善；（g）图像套得不准；（h）双联版面的调子套印不好；（i）胶片底版未拼贴好；（j）其他不合格现象。

b. 检查套合是否准确。在检查彩色版的各分色版间相互套合时，以品红版或青版中某一版作为套合基准，把它固定在拼版台上，然后覆盖上扩散片（由于通过扩散片使各套版之间呈现密度差，从而容易看出套合），再把要检查套合的底版（以品红版为基准时，按青、黄、黑顺序）依次覆叠在扩散片上，以检查与下面的标准版是否套准。

在检查套合时，要弄清图像中的重点部分，并对其有重点地进行检查。例如嵌入商标等标记时，要注意这些部分的套准。

c. 检查底版调子。在晒版操作中出现的问题，往往是由于过多的减薄而使密度不足的底版。检查方法，以通过观察拼版台上底版的网点是否变成茶色或灰色而定。

d. 对使用胶带拼贴的胶片，要检查胶带是否过于靠近图像（特别是亮调部分）。如果过于靠近，会由于密合不好而使网点晒虚，因此胶带和图像的间距应在7mm以上。假如只能贴得很近时，最好使用双面胶带或黏合剂（见图3－5）。

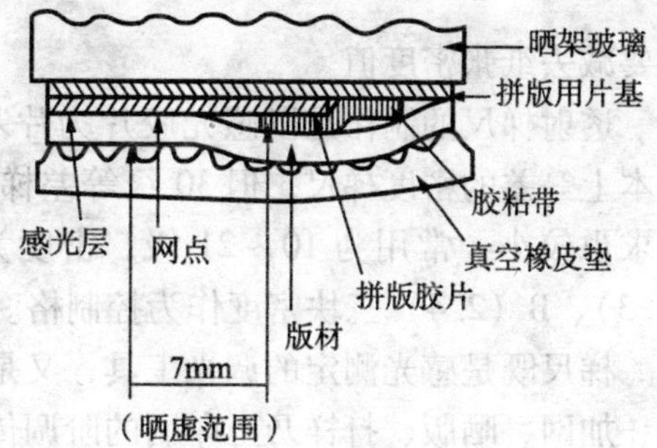

图3－5　因胶粘带而产生晒虚

④用透射密度计检查底片密度是否符合制版要求。

❖**相关知识**❖

（1）网版印刷用阳图片的质量要求

①阳片图像的光学密度值要高，应不小于2.5，并且图像的反差要大，便于印版的晒制。

②阳图上的图像边缘清晰、无砂眼、无划痕并且牢固，保证制版和保存时不脱落。

③线条粗细对网印制版能力有很大影响，一般小于0.15mm的细线画，制版较困难。

④要确保阳片的平整度及洁净，不要因拼版，用过多的胶粘带，影响晒版效果。

⑤各种规矩线都应制作在阳片上，并且要求准确。

（2）梯尺

梯尺是衡量阶调的必备之物。有反射与透射之分，各用于对应的原稿。它是由10～21级面积大小一致，不同强弱等级的密度，并列在一起的一条从深到浅或从黑到白的灰色色带（见图3－6、图3－7）。

反射梯尺的制作可用照相纸作感光纸，依次运用不同强弱的曝光量制成不同的密度梯级。也可用亚铅粉以喷笔制作。反射密度一般最高为2.0，最低为0.07。测量反射密度值

图 3-6　10 级灰色梯尺

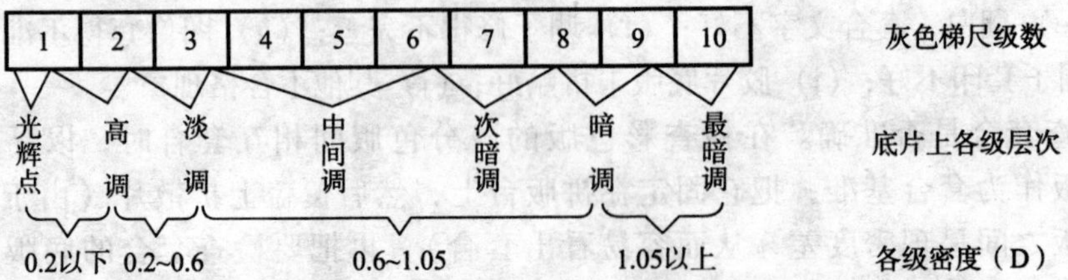

图 3-7　10 级灰色梯尺

时要减去纸张密度值。

透射梯尺的制作是以感光胶片为片基，同样运用不同的曝光量，以达到从 0.1～3.0 基本上等差的密度梯尺，但 30 级等差梯尺制作不易。透射原稿尺寸较小，梯尺面积相应要求也较小，常用为 10～21 级，密度为 0.05～3.05。为简化计，也常用 A（0.4）、M（1.3）、B（2.4）三块密度作为控制格。

梯尺既是感光测定的调光工具，又是照相制版工艺衡量阶调的工具。在包括蒙片、分色、加网、晒版、打样乃至印刷的阶调传递过程中，各工序的阶调是否合乎要求，以及各工序间是否互相适应，只有依靠梯尺来检验，才能获得正确的结论。

梯尺既要用来作为原稿的代表，原稿密度域又各不相同，因此，同一梯尺用于不同的原稿，就要找出与各种原稿相同的密度域。方法是先测量出原稿的最高与最低的密度值，以此在梯尺上找出相应或近似的高、中、低三点作为定标值，借以控制阶调之用，也可以叫做控制点，使原稿反差与梯尺的控制点求得基本一致，才能正确控制。

梯尺有利于判断蒙片阶调的长短、密度的高低对原稿阶调的影响和鉴定晒制的蒙片是否正确。它在分色加网时可作为三原色版平衡的依据，观察梯尺高调密度一端，梯级如有合并，说明曝光过度；如果低调一端梯级不全，则表明曝光不足或所用感光片性能太硬，暗调层次不能还原，这样就可以进行调整，以达到要求。尚可根据它控制底色去除曝光、主曝光、闪光曝光、高光曝光的比例，借以检查显影条件的前后是否一致及反差是否适宜。通过对感光片中梯尺的密度测定，标出参数就能绘出示性曲线，有利于分析操作过程是否合乎规范。最后在印刷品上可根据梯尺检验油墨的等效中性灰度是否适宜。

（3）透射密度计的结构与使用方法

目前，国外制造的密度计种类、型号很多，就其型号的编制规律来说，一般前面的字母是表示密度计性质、特点的英文单词的第一个字母，例如：T（Transmission）代表透射；R（Reflection）代表反射；DM（Densito Meter）代表密度计，有时只用 D 表示；D（Dot Meter）代表网点面积测量仪。如此，则 TR 代表透、反射两用，DT 代表网点面积透射测量，TD 代表透射密度计，RD 代表反射密度计。一般后面的阿拉伯数字表示该密度计的产品序号等。

目前国内外较普遍采用的是透射式密度计，如图3-8所示，它能测量单色和彩色透明原稿（阴片或阳片），还可以测量单色和彩色透明原稿的网点百分比，测量值于数字显示器上显示，需要时可用印字装置打印输出。量测光学密度的范围在0~4.00数值之间（最小读数0.01）。量测孔面积的直径分别是1mm、2mm和3mm。

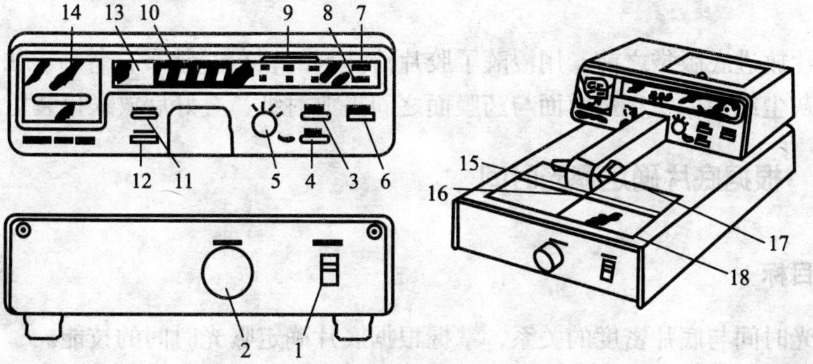

（a）　　　　　　（b）

图3-8　彩色透射式光学密度计

1—电源开关；2—滤色片选择旋钮（红、绿和蓝）；3—量测密度开关；4—量测网点百分比开关；5—网点通道选择开关；6—调零开关；7—密度测量指示灯；8—网点百分比测量指示灯；9—滤色片指示灯；10—数字显示器；11—印字开关；12—进纸开关；13—印字指示灯；14—印字装置；15—检测头其上装有受光元件，压检测柄（17）时，检测头与底片接触；16—光圈（可选用直径为1mm，2mm，3mm中任一种）；17—检测柄；18—照明板

①密度的校准。首先按下“密度开关”，选择W滤色片；无被测物时，按下测量杆及零位设定开关，此时应显示“0.00”。将“测量梯尺”置于照明板上进行检查，观察显示的数值是否与“梯尺”上原来标定的相同，如果不同，用螺丝刀调节“旋转调整片”使之一致。

按照上述相同的方法，校准其他颜色的滤色片“测量梯尺”的数值是否正确。例如，选择R（红）滤色片，先按下密度开关，在无被测物的情况下，按下测量杆和零点设定开关，此时应显示“0.00”。将测量梯尺置于照明板上进行检查，视其显示的数值是否与“梯尺”上原来标定的相同，若不同，用螺丝刀调节“旋转调整片”使之一致，如图3-9所示。当调整时，R、G、B、A_1和A_2均产生相同的变化。

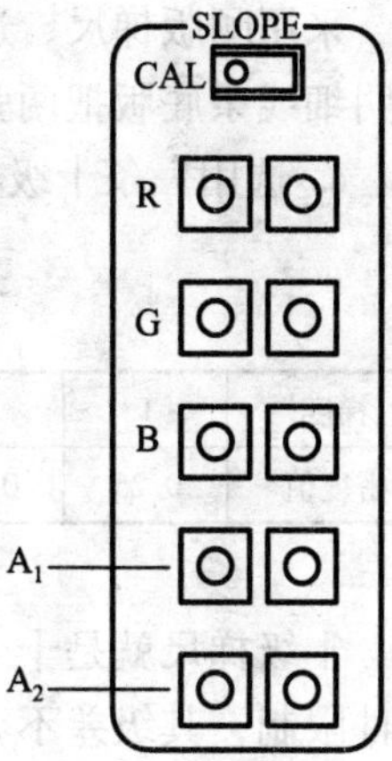

图3-9　密度校正部件示意图

②校正完毕，即可进入底片测试。

❖注意事项❖

底片保管必须注意以下事项：

①保管胶片底版不能卷曲，要平着放。若用胶带粘贴的胶片一旦被卷曲，拼贴部分就会错动造成套合不准。

②最好在干燥又恒温环境下保存。若在30℃以上的高温或60%以上的高湿下长期保存，胶片底版会变形。

③在有可能为水沾湿的地方，不要放胶片原版。因为胶片一碰到水，就会相互粘连，甚至损坏。

④从底版袋里抽出或放入底版时要留意，要充分注意拼贴在底版上的剥膜片不要剥落，也不得使胶片折着放进去。

⑤在胶片底版上标注文字、数字和记号时，应使用油性的彩笔，因为水溶性油墨干后难以擦去。

⑥把胶片放进底版袋之前，用浸蘸了胶片清洗剂的软布（纱布）等，除去附着在胶片正反面上的灰尘或污垢，在药膜面与药膜面之间夹放衬纸，叠好后放入口袋里。

3.1.4 根据底片确定曝光时间

❖学习目标❖

了解曝光时间与底片密度的关系，掌握根据底片确定曝光时间的技能。

❖操作步骤❖

确定曝光时间的步骤：

①将底片置洁净的平台面。

②测量底片密度。使用透射密度计测量底片上高密度和低密度部位。

③进行曝光试验确定晒版的曝光时间。

采用晒版梯尺，进行曝光试验，确定曝光时间的方法。即采用一条透射宽度梯尺和一透明细线条底版把两张底片结合在一起同时曝光，显影以后，测定曝光时间是否正确。

a. 选用一条十级梯尺，其级差是0.15（密度值），如表3－1所示。

表3－1　晒版梯尺级差

梯度	1	2	3	4	5	6	7	8	9	10
密度值	0.25	0.39	0.54	0.70	0.82	0.95	1.06	1.16	1.25	1.36

十级梯尺就是十个不同密度值的方块（梯级），其级差要求为0.15。由于制作梯级的条件限制，其级差不容易做到都是0.15，而往往出现表中的密度数值。

b. 再选用一张制有细线条的阳图底片，其线条宽度为0.2mm，作为检测的依据，即以检验最细宽度为0.2mm的线条在丝网上的显影质量为标准。

c. 试验条件的确定：在多次试验中，除了曝光时间可变以外，其他条件必须固定，例如：光源、晒版距离、底版、感光材料的类型、胶层厚度等。

d. 选择曝光时间：一般可以根据操作者的经验来选定一个时间，用梯尺和细线条阳图片在晒版机上进行曝光，经显影后进行分析和判断。

将首次试验晒版的丝网版放到能透射光的玻璃台上，其细微部分可用十倍放大镜观察，并根据丝网版上胶膜硬化程度判断曝光时间是否正确。如果十级梯尺上的4号梯级以下的胶膜全部硬化（表现在丝网上是封孔的胶层光滑并硬化），而5号梯级以上的胶膜全部被显影液溶去（表现在丝网上是通透的网孔），而且0.2mm细线条模糊不清，即可判断：首次的曝光时间还欠充足。

在首次试验的基础上再作曝光试验，时间可以根据前一次的情况酌量增减。如上例判断为曝光不足，二次试验就要增加曝光时间。再经显影后，若观察结果是细线条边缘清晰，而梯尺上的情形是6号梯级以下丝网表现为封孔，7号梯级以上丝网表现为通孔，可以认为二次曝光时间合适。对照第6号梯级密度是0.95，第7号梯级密度是1.06，可以认为底片密度达到1.06就可以晒版应用。为了保证质量，要求底片密度达到1.05以上。

❖相关知识❖

底片密度与曝光时间的关系：

一般来讲，底片密度高的曝光时间要长，底片密度低，曝光时间要短。可是网版印刷的晒版中，还要考虑感光膜的厚度，如低目数丝网版膜厚曝光时间要长，高目数丝网版膜薄，曝光时间要短。白网布曝光时间要短，带色的网布曝光时间要长。光源距离短的曝光时间短，光源距离长的曝光时间长。

❖注意事项❖

熟练的掌握制版的各项工艺技术，了解感光胶的硬化交联原理。

3.2 晒版

3.2.1 排除制版设备故障和气路故障

❖学习目标❖

学习了解晒版机抽气装置的类型、结构及工作原理，掌握排除制版设备故障和气路故障的技能。

❖操作步骤❖

排除制版设备机械故障及气路故障的步骤：

（1）机械故障

①晒版机在装置光源时，灯线接头要紧紧的固定在接线柱上。

②要保持紧密接触，倘若接触不良，该部位就会发热，成为故障的原因。

③光源灯光有时不亮，是属于激发器电源接触不好。但金属卤素灯和水银灯，一旦关灯以后，即使再开灯，灯也不亮。重新开灯时至发出稳定光亮为止，需要一段时间。所以要连续晒版时，灯可一直开着，把光源罩住，曝光时拉开罩，曝光后把罩遮上。晒版结束才关灯。

（2）气路故障

晒版中有时抽气不紧，有以下原因：①橡皮布漏气，检查橡皮布四角橡皮垫和吸管是否漏气。②检查修理真空泵。③定期换油。

❖相关知识❖

抽气装置的类型、结构及工作原理：

真空晒版机从抽气装置类型上分为两种。一种是全包式抽气装置，一种是内吸式抽气装置。

（1）全包式抽气装置

晒版时首先把涂布了乳剂的丝网版同阳图底版一起放在玻璃板上，上面罩上橡皮布，紧固两个框，用真空泵把内部的空气抽出，使之密合（见图 3－10）。

其优点是：无须考虑版框的大小，小的版框也可进行晒版。缺点是：占地面积大；版框的尖角容易损坏橡皮布罩；抽真空时间长；橡皮布罩随着抽真空密合而拉伸，容易损伤橡皮布。

（2）内吸式抽气装置

为使晒版框本身小型化，不再使用以往的真空晒版框被橡皮布罩包住的办法，而是只把制版框内部的图案部分吸真空密合，一般称为内吸型晒版机（见图 3－11）。这种型式可使真空晒版框体积变小，另外上射的光能进入晒版框内部，因此光不向外部扩散。然而如果版框和晒版吸附框的大小不符合时，就不能进行吸真空密合。

其优点是：占地面积小；橡皮布可以长久使用；抽真空时间短；晒版数量多时有很高的效率；因光源设置在晒版框内部，光线不会外泄。缺点是：橡皮布在版框的大小有变化时，要相应地进行更换；多个小框同时晒版困难。

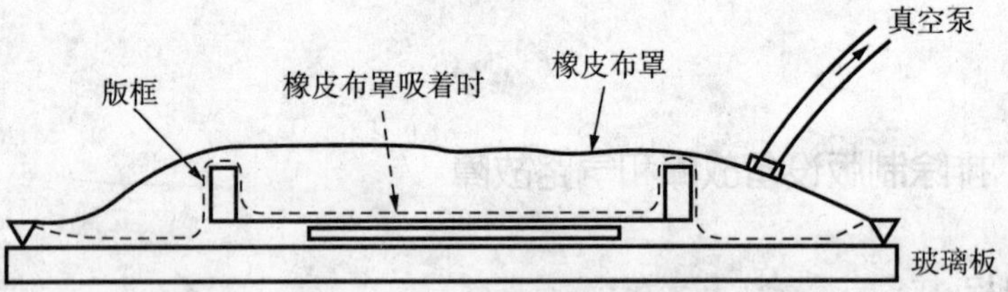

图 3－10　全包式真空晒版机

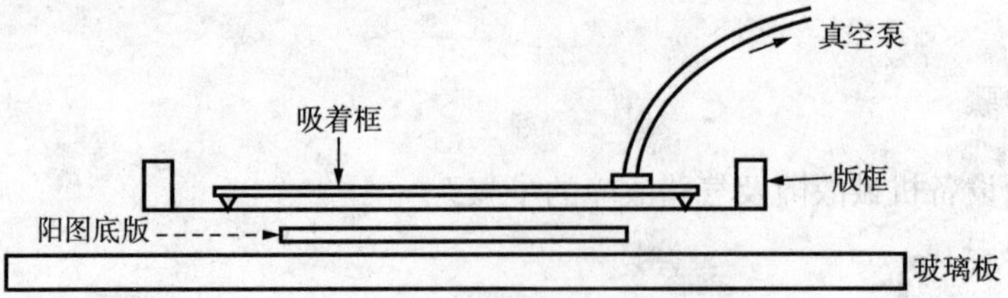

图 3－11　内吸型真空晒版机

❖注意事项❖

晒版灯开启会放出大量紫外线，作业中要避免直视灯光，要穿好安全工作服和戴好防护眼镜。

3.2.2　用间接法和直/间法制作印版

❖学习目标❖

通过学习了解间接制版法和直/间法制版的特点，掌握用间接法和直/间法制作印版的技能。

❖操作步骤❖

（1）间接法（用菲林膜制版）制版工艺操作步骤

①感光菲林膜先贴后晒工艺（常用）操作步骤。

a. 将感光性膜片药膜面向上放置于洁净的平板玻璃上；

b. 将绷好的丝网版印刷面朝下，放置于感光膜片上；

c. 用喷枪充分水淋；

d. 用柔软的橡皮刮板轻轻刮压除去多余水分；

e. 温热风干燥（30℃左右）；

f. 揭除片基；

g. 密合阳图底片；

h. 晒版、显影、修整相同于直接法。

②无感光性菲林膜先贴后晒工艺（南方常用）操作步骤

首先要敏化菲林膜，使其具有感光性。

a. 按配方比例配制敏化液（一般为4%～5%重铬酸铵液）；

b. 将无感光性菲林片浸入敏化液后，立即贴于丝网版上，去掉多余的水分；

c. 干燥。

以下步骤与上面预涂感光菲林膜片工艺完全相同。

③感光菲林膜先晒后贴（由于操作宽容度小、难度大，国内很少用）工艺操作步骤

a. 感光膜晒像。感光膜晒像采用背面曝光法，感光膜的片基与图文底片的药膜面密合（如图3－12所示），受光部分吸收光量，膜层交联。离片基较远的部位吸收光量小，膜层软而有黏性，粘网力强，从而提高耐印力。

b. 活化处理（硬膜处理）。活化处理在曝光后10～15min内将感光膜浸入双氧水（H_2O_2）溶液中1min进行活化处理。激发交联剂与成膜剂发生交联，变为不溶于水的硬化胶层。

活化液浓度控制在1.2%左右，浓度低会使胶层脱胶，浓度太高会使胶层变硬，影响粘网牢度。液温不可超过20℃。

c. 显影。将感光膜乳剂面朝上泡在25℃温水盆中显影，然后用冷水冲洗，不能用加压水枪显影。

d. 贴膜。感光膜显影后，不等干燥立即上网贴膜，以便利用湿膜黏性，贴合效果好。

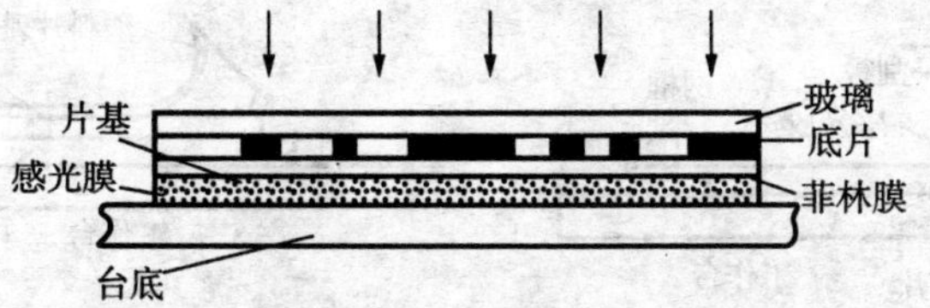

图3－12　先晒后贴间接法菲林膜晒像示意图

将感光膜乳剂面朝上放在一块毛玻璃上，让湿网版印刷面与膜片接触，使膜片自己吸附到丝网上，用白报纸吸除刮墨面上的水，如图 3－13（a）所示。

e. 干燥。取走吸水纸，用冷风或热风吹干版面。

f. 揭除片基。待网版完全干燥后，将片基从感光膜上轻轻地揭下来，如图 3－13（b）所示。

g. 封孔。在剥掉胶片片基之后，在印刷面一侧，用刮斗涂布封孔剂，注意封孔剂不要涂进图像中去，封孔剂涂抹薄薄一层即可。

（2）直/间法（用感光胶加菲林膜制版）制版工艺操作步骤

根据使用的菲林膜片类型不同，直/间法工艺也分为两种：

①使用光敏性菲林膜的直/间法制版步骤

a. 用软毛刷蘸涂贴膜剂于丝网两面直至湿润。

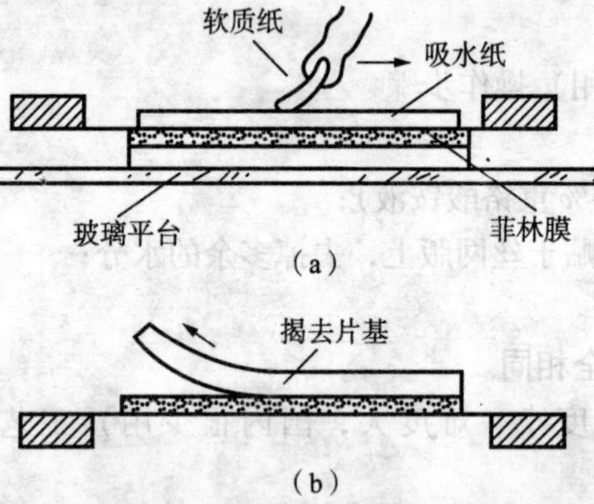

图 3－13　先晒后贴间接法菲林膜贴膜示意图

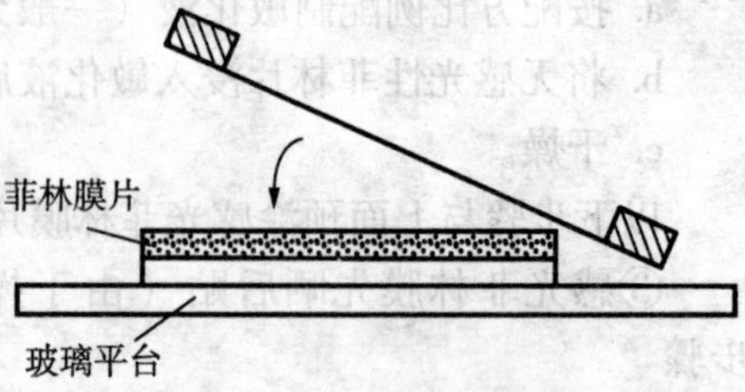

图 3－14　菲林膜贴附示意图

b. 放膜片：将感光膜面向上置于玻璃平台上，将丝网面由 30°倾角自一端开始徐徐与感光膜贴平（图 3－14）直至全部贴紧，如图 3－15（a）所示。

c. 涂感光胶：在网框内倾倒感光胶，并用软质刮板加压涂布，使感光膜与丝网贴合，如图 3－15（b）所示。

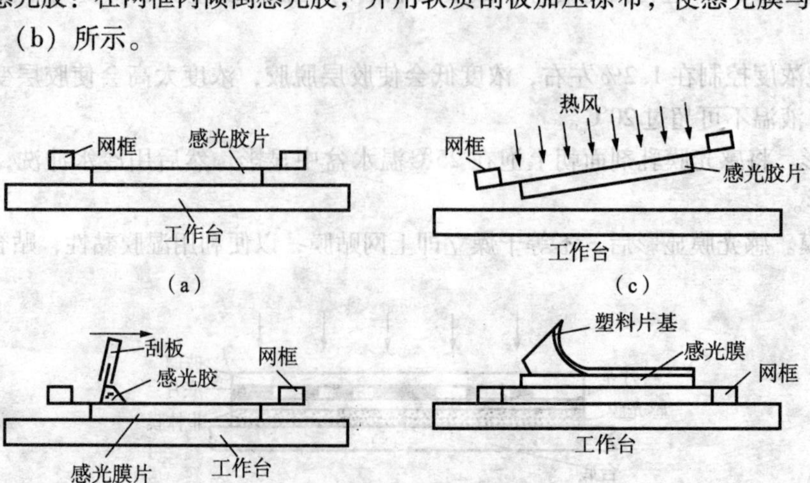

图 3－15　直/间制版法示意图

d. 干燥：吹风干燥 10 ~ 15min，如图 3 – 15（c）所示。

e. 揭除片基，如图 3 – 15（d）所示。

f. 回烘：为了防止膜层粘污底片，再将网版回烘干燥 1 ~ 2min。

g. 密合阳图底片。

h. 曝光、显影、干燥同直接法。

②使用无光敏菲林膜的直/间法制版步骤

a. 放膜片：将无光敏菲林膜片膜面向上平放在工作台上。

b. 放网版：将绷好的网版平放在膜面上。

c. 涂感光胶：在网框内倾倒感光胶，并用软质刮板加压涂布，使无光敏菲林膜片与丝网贴合。

d. 静放置 10 ~ 15min，使感光胶所含的重氮光敏剂渗透到无感光性菲林膜片内，使其具有感光性。

e. 干燥：热风干燥（30℃左右）。

f. 揭除片基。

g. 回烘。

h. 密合阳图底片。

i. 曝光、显影、干燥同直接法。

❖相关知识❖

直接法、间接法、直/间法制版的特点。

（1）直接法制版的特点

直接制版法主要工序是先涂布感光胶后晒制，由于涂布采用手工反复涂布，操作比较简单，膜厚可以通过涂布次数来调节，但是涂布比较费时间。采用直接制版法制作的丝网印版，胶膜与丝网结合比较牢固，耐印力较高。相对分辨率差些，图像边缘容易出现锯齿状现象，网膜较厚时，细线清晰度容易受影响。

（2）间接法制版的特点

间接制版法由于使用感光膜片制版，膜版厚度均匀、稳定，制作的丝网印版，分辨率比较高，图文线条光洁，但不如直接制版法制出的膜版耐印力高。其中先晒后贴工艺难度大，例如曝光不足就不好贴，双氧水处理时间过长，图文会变形，所以除要求极高的印品外，一般不采用此种方法。

（3）直/间法制版的特点

由于直/间制版法主要采用的是在丝网上用感光胶贴合感光膜，然后进行晒制的工艺，所以操作比较简单，制版时间短，膜厚可以固定，也可随意增厚。采用直/间制版法制作的丝网印版，分辨力和耐印力都比较高。

三种制版方法的比较，如表 3 – 2 所示。

表3-2 三种制版方法的比较

印刷项目	直接法	间接法	直/间法
工序	先涂后晒	先晒后贴	先贴后晒
显影	常温清水	双氧水处理后，温水显影	常温清水
感光材料	感光胶	感光膜	感光膜
操作	反复涂胶，较费时间	操作复杂	以贴代涂，操作简便
膜层厚度	可以调节	厚度固定	一般固定，也可增厚
印版质量	胶、网结合牢固耐印，易出现锯齿现象，涂层过厚则细线条不易清晰	线条光洁，但膜层不够牢固，耐印力低	介于直接、间接两种方法之间
适用范围	费用较低，用途最广	费用较高，适用于要求较高的少量印品印刷	费用较高，转印膜版有一定技术难度
印刷次数	2万~3万次	3000~5000次	5000~20000次

❖注意事项❖

①贴膜操作要轻，不可损伤胶膜。

②印刷过程中因故停机擦网时，要将网版放平，下垫洁净的旧纸在框内用软布蘸溶剂轻擦，以保护胶膜。

本章复习题

1. 如何调整各色底片与膜版的角度？
2. 检验晒版机工作状态的主要内容有哪些？
3. 如何根据底片密度确定曝光时间？
4. 晒版机的抽气装置有哪些类型？
5. 间接法制版步骤分哪几步？
6. 直/间法制版步骤分哪几步？
7. 间接法、直/间法制版的特点是什么？

4 制版质量的检验与控制

本章提示

了解网目调底片的质量要求，透射式光学密度计测量网目调底片网点质量的方法，测控条的原理和方法，掌握判断多色网目调底片网点质量，使用密度计测量多色网目调底片的网点面积、检验多色网目调印版质量的技能。

4.1 检验底片质量

4.1.1 借助放大镜判断多色网目调底片的网点质量

❖学习目标❖

通过学习了解网目调底片的质量要求，掌握判断多色网目调底片网点质量的技能。

❖操作步骤❖

网目调底片网点质量的放大检测。

①利用 10～15 倍放大镜对印版网点放大，目测网点面积与空白面积的比例。

②观察印版上网点成数。

③鉴定网点的复制精度。

❖相关知识❖

网目调底片的质量要求：

①网点黑度要高（密度高于 3）并均匀。

②网点边缘要光洁。

③根据网版印刷小点子易丢失、大点子易糊死的特点，应对网点进行补偿。

④无脏点、划痕。

❖注意事项❖

①检测网点质量，要选用 10～15 倍放大镜，倍数低了测试不出效果。检查透明度数

可用3~5倍放大镜。

②放大检测，凸透镜定位一般在4~10cm，使眼睛对物体的视角放大，准确目测网点成数和网点的光洁度。

③制版放大镜要保存好透镜，不能擦毛，否则会影响观察的清晰度。

4.1.2 使用密度计测量多色网点面积

❖学习目标❖

通过学习了解透射式光学密度计测试网目调底片网点面积的方法，掌握测量多色网目调底片网点面积的技能。

❖操作步骤❖

用密度计测量网点面积的步骤：

(1) 网点百分比值校准（见图4－1）

①按下“网点开关”，并选择网点频道开关之一。

②选择W滤色片。

③按下零开关，仪器显示“0.00”。

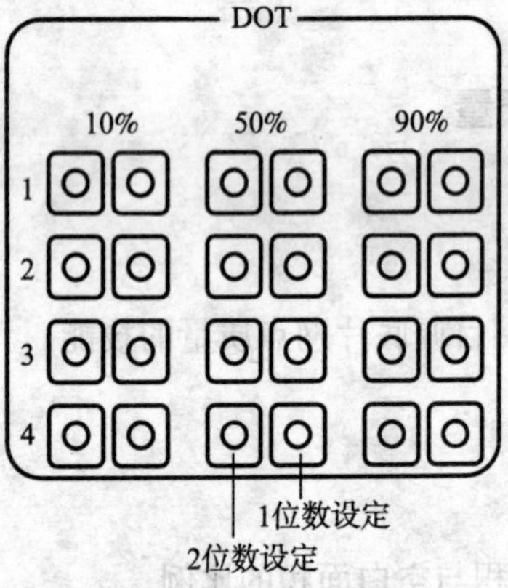

图4－1 网点校准部件示意图

④将网点测量梯尺置于照明板上进行检查。

⑤当梯尺的10%对准光孔时，按下测量杆并观察显示的数值。

⑥若不是10%，则用螺丝刀旋转相应的数字开关。

⑦将梯尺的50%、90%置于光孔部位，以同样的方法检查校正，直至显示出50%、90%值为止。

(2) 相关参数测定

校准完毕即可进入测试样相关参数的测定。

❖相关知识❖

密度计的使用方法：

各种密度计的操作校正方法大同小异，现以国内用得最多的日本产DM－500密度计为例说明之，以供参考。

(1) 操作步骤

①未接通电源之前，必须检查所使用的电源电压与仪器要求的电源电压是否一致。

②接通电源。合上电源（power）开关，使机器预热5min。

③选择密度“DEN”或网点“DOT”测量。

④选择滤色片。

⑤调零。

a. DEN转动滤色轮，按下测试头，同时按ZERO键，应显示“0.00”，对每一滤色片做一次调零。

b. DOT选择通道，放入片基，按下测试头，同时按ZERO键。

⑥若需要记录测量值时，按下 Print 开关（灯亮即正确）。

（2）仪器校准

为使仪器保持在最佳状态，购买后要定期用提供的梯尺进行校准。校准程序如下。

①校准（CAL）。

a. 按下 DEN 开关，选择 W 滤色片。

b. 按下测试头，同时按下 ZERO 开关，使显示为“0.00”。

c. 测量梯尺，观察梯尺上的数值与测量值是否相符。若不相符，用螺丝刀调整 CAL 旋钮到相符为止。

d. 按下测试头，同时按下 ZERO 键，观察是否显示出“0.00”。

②［R、G、B、A_1、A_2］校准。仪器使用一段时间，滤色片的滤色曲线可能发生变化，需要校准。校准时需用提供的梯尺并按下列程序进行。

a. 按下 DEN 开关，选择所需滤色片。

b. 在无试样时按下测试头，同时按下 ZERO 键，此时应显示“0.00”。

c. 测量参考梯尺。如 3.00D 观察显示值是否与 3.00 相符，若不一致，用螺丝刀调 CAL 使之相符。

d. 按下 ZERO 开关，再次校正，看显示值是否为“0.00”。

e. 重复上述步骤，对其余滤色片进行校正。

注意：R、G、B、A_1、A_2 的调节方法相同。

③［DOT］网点测量的校准。对网点值的校准可用提供的网点梯尺并按下列程序进行。

a. 按下 DOT 开关，在通道 1、2、3、4 中选择所希望的通道。

b. 选择 W 滤色片，也可用 A_1、A_2，但不能用 R、G、B 中的任何一种。

c. 准备三种网点胶片如 10%、50%、90%。

d. 测量 10% 的网点胶片，若测量值与梯尺提供的标准值不一致，可适当调整数字开关使之一致。

e. 用同样方法测 50% 和 90% 网点胶片看是否一致，若不一致，按上法调整。

④［更换光孔］。该仪器备有三种不同大小的光孔 ϕ1mm，ϕ2mm，ϕ3mm，可根据需要选择其中之一，更换方法如下。

a. 先取下乳白色的漫射板。

b. 按逆时针方向旋转光孔，便可移出。

c. 将所需要的光孔按顺时针旋转装入。

❖注意事项❖

①密度计使用前，每次都需要作校准调整。通常要作两点调整（调零、校准调整）。

②按照各密度计的使用说明书，定期检查其刻度的线性并加以调整，使用现成的校准密度梯尺来校正。

4.2 检验印版质量

❖学习目标❖

了解测控条的原理和使用方法，掌握检验多色网目调印版质量的技能。

❖操作步骤❖

检验多色网目调印版质量的步骤：

①按施工单和制版底片，对网目调印版进行质量检验。根据 C、M、Y、K 的顺序对分色印版进行检验。

②分色印版的数目：C、M、Y、K。

③制版方式：例如是否直接制版。

④印刷版尺寸大小。

⑤套印规矩线的套印精度。

⑥根据制版底片对照检查网印版图文网目调各要素的精度。

❖相关知识❖

测控条的原理及使用方法。

测控条是由网点、实地、线条等已知特定面积的各种几何图形测标组成的，用以判断和控制晒版、打样和印刷时信息转移的一种工具。配合仪器测量与视觉判断来监控晒版、打样和印刷过程中图文信息的转换或转移，进而达到测控产品质量的目的。

胶印已广泛应用测控条几十年，品种繁多，性能基本相同。一般由以下几个部分组成：实地区、叠印区、印版曝光控制区、重影与变形、网目调区、灰平衡区。

在使用测控条时其使用条件要与晒版、打样和印刷的条件一致，并且应使用长条测试条放置在印张的末端，与印刷机滚筒轴向平行，以便检测图像着墨的均匀性。

目前国际上正研制网版印刷专用测试条。

例举 FOGRA DKL－SI 控制条。

①检测内容：FOGRA DKI－SI 控制条是为网目调网版印刷专门开发的，可用于下述各项的直观监控和密度的检测：膜版生产；色调值变化；色彩等级；彩色平衡；模糊效应。

②网目调区域：这一区域由 5%～95% 遮盖率的网点组成，加网线数为 24 线/厘米（见图 4－2）。这便于对印刷中的色调值转移进行直观检验和（最好）用密度计检测。

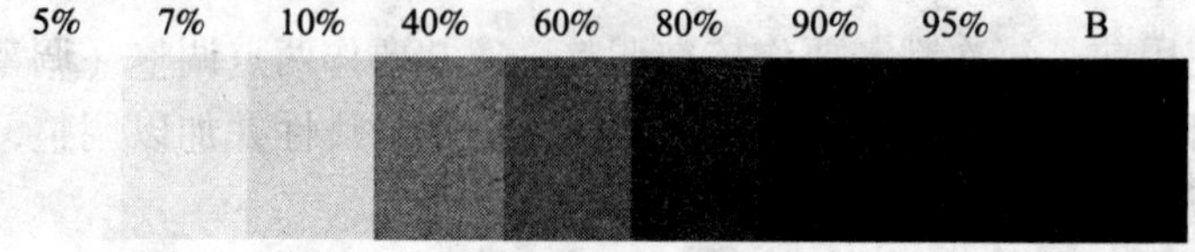

图 4－2　网目调全色调区域

③全色调区域：进一步的检测是测定印刷的油墨密度，这在加网印刷中是极为重要

的。用一反射密度计测定全色调范围内 4 个颜色的油墨密度。要达到良好的灰度平衡，所有的三原色都必须在高精度的容差范围内。

全色调测定实例

颜色	要求密度	容差
青	1.45	±0.10
黄	1.00	±0.05
黄 47B	1.40	±0.10
品红	1.40	±0.10
黑	1.85	±0.15
测定仪器	密度计	
印刷材料	印刷铜版纸	

④叠印区域 M/Y、C/M、C/Y、C/M/Y。这一区域使之能够用直观检验和仪器测定来鉴定颜色是否可以接受。重要的是，打样印刷和生产印刷都应采用相同的印刷色序。

⑤环形区域（见图 4－3）。这一区域使之能够监控印刷过程中由模糊效果可能造成的转移误差。

图 4－3　环形区域

⑥平衡区域（见图 4－4）。在平衡区域，3 个颜色的印刷组合应该是一个中性灰，其色调值大约相当于网目调区域 40%。这是印刷作业中色平衡偏移的很灵敏的指示器。

图 4－4　平衡区域

❖注意事项❖

①使用测控条，要选用标准梯尺，当曝光操作有所改变或新换感光材料时，都要重新测试标准的曝光时间。借助测试规的数据来确定正确的曝光量。

②测试注意掌握暗调密度。如果暗调密度低于实际的暗调密度，则印刷品呈现硬调。反之，高于实际密度，则印刷品呈现软调，若使整体调子产生变化，除对层次控制以外，还要注意改变暗调设定方法，来控制正确的暗调密度。

本章复习题

1. 测量底片质量有哪几项指标？

2. 如何运用网点反射密度的计算公式？

3. 简述密度计对网点面积的测量方法和步骤。

4. 对多色网目调印版质量要求有几项内容？

5. 简述测控条的原理和使用方法。

6. 检测网点质量用多大倍率的放大镜？一般检查底片透明度、砂眼、划痕、脏点等又用多大倍率的放大镜？